U0241171

四川音乐学院电子音乐理论与技术丛书

—— 丛书主编　易柯　胡晓 ——

KYMA系统 实用技巧

KYMA XITONG SHIYONG JIQIAO

〔美〕杰弗里·斯托莱特(Jeffrey Stolet) 著　　王 驰　陆敏捷 译

西南师范大学 出版社

国家一级出版社　全国百佳图书出版单位

图书在版编目(CIP)数据

Kyma系统实用技巧 / (美) 斯托莱特 (Stolet, J.)
著; 王驰, 陆敏捷译. —重庆: 西南师范大学出版社,
2014.6
ISBN 978-7-5621-6852-2

Ⅰ.①K⋯ Ⅱ.①斯⋯ ②王⋯ ③陆⋯ Ⅲ.①声音处
理－应用软件 Ⅳ.①TN912.3

中国版本图书馆CIP数据核字(2014)第118613号

四川音乐学院电子音乐理论与技术丛书

—— 丛书主编　易柯　胡晓 ——

Kyma系统实用技巧

[美]杰弗里·斯托莱特(Jeffrey Stolet)　著　王驰　陆敏捷　译

选题策划:周　松
责任编辑:王英杰
封面设计:智众联合创意设计
版式设计:王玉菊
出版发行:西南师范大学出版社
　　　　　网址 www.xscbs.com
　　　　　地址 重庆市北碚区天生路2号
印　　刷:重庆五环印务有限公司
开　　本:787mm×1092mm 1/16
印　　张:17.25
字　　数:338千字
版　　次:2014年6月　第1版
印　　次:2014年6月　第1次印刷
书　　号:ISBN 978-7-5621-6852-2
定　　价:35.00元

作者简介
ZUOZHEJIANJIE

杰弗里·斯托莱特(Jeffrey Stolet)，作曲家、新媒体音乐演奏家，现任美国俄勒冈大学音乐学院交互音乐技术中心主任，Knight荣誉教授。斯托莱特获美国新墨西哥大学钢琴专业硕士学位，美国德州奥斯丁大学音乐学博士学位。他参与了大量的音乐技术项目，曾执导著名的C.P.U新媒体音乐会系列；斯托莱特的作品体裁丰富，创意新颖，已被Newport Classic，IMG Media，Cambria，SEAMUS，ICMA等国际著名机构收录。他应邀在ICMC，SEAMUS，北京国际电子音乐节、智利首都圣地亚哥电子音乐年会、佛罗里达电子音乐节、美国计算机图形学年会(SIGGRAPH)、波士顿数字艺术节、电子音乐概念系列巴黎年会、国际音乐表情新交汇会议(New Interface for Musical Expression，简称NIME)以及在古巴举行的国际电子音乐节"哈瓦那的春天"等重要的国际电子音乐节和新媒体艺术节上演出。此外，他的作品还在纽约当代艺术博物馆，巴黎蓬皮杜艺术中心，斯坦福大学计算机音乐与声学研究中心(Center for Computer Research in Music and Acoustic，简称CCRMA)等重要的艺术机构陈展。斯托莱特近期作品主要集中在音乐演奏环境方面，例如大量使用"魔杖"、感应设备、"任天堂"游戏机柄触发影音变化。斯托莱特与美国俄勒冈大学的新媒体中心合作的一部网络传输的交互式电子音乐多媒体教科书，获得《电子音乐家》《键盘杂志》《高等教育编年史》和《滚石杂志》的热烈褒评。

总 序
ZONGXU

电子音乐的出现,无疑是20世纪音乐领域最具革命性的重要事件之一。这是第二次世界大战后,伴随科学技术发展而诞生的一个新兴的音乐种类。其发展历程,经历了磁带音乐(Tape Music)、合成器音乐(Synthesizer Music)和计算机音乐(Computer Music)等几个不同的历史阶段。

磁带音乐,以法国工程师舍菲尔(Pierre Schaeffer)创作的"具体音乐"(Musique concrète)作品《火车练习曲》(Étude aux chemins de fer, 1948)为源点,其特征是:利用各种声音材料作为创作元素,通过声音录制、磁带拼接、剪裁叠置等技术手段替代传统音乐固有的创作模式;以具有逻辑意义的音响构思,形成音乐的结构张力,构建作品的形式关系。电子音乐的开拓者们,正是运用这样的思维方式,创造了不少成功的范例。其中的一些作品,如:斯托克豪森(Karlheinz Stockhausen)的《青年之歌》(Gesang der Jünglinge, 1955–1956)、瓦列兹(Edgar Varese)的《电子音诗》(Poème électronique, 1957)、贝里奥(Luciano Berio)的《泰玛》(Thema, 1958)、凯奇(John Cage)的《方塔娜混合》(Fontana Mix, 1958)等,迄今,仍被奉为电子音乐的经典。

1965年,随着美国人穆格(Robert Moog)最新研制成果——电压控制合成器(Voltagecontrolled Synthesizer)的发布,再一次激发起音乐家对电子音乐进行探究、开发与创造的热情。在合成器应用过程中,电子音乐作品创作不再像过去那样,完全需要依赖于器材昂贵、设施齐全的实验室和工作室,利用合成器系统就能够获取声音、录制音响并演奏音乐。这一戏剧性的转变,一方面大大节省了作品的创作周期,同时也使得电子音乐的现场演奏能够成为现实而更具吸引力。随着合成器系统的不断改进和完善,制造成本逐渐降低,使其应用范围得以进一步拓宽,不仅成为世界上众多电子音乐实验室和工作室必不可少的重要设备,同时,还延伸到流行音乐制作与表演之中,客观上起到促使电子音乐迅速发展、不断演进的作用,使作曲家通过较为简单的操作方式,就能够创造出前所未有的新的声音世界。

如果说合成器的应用,简化了电子音乐创作流程的话,那么,计算机的出现,则进一步延展了电子音乐的应用空间。通过强大而快捷的计算机信息数据处理技术,电子音乐的实验与实践日趋繁复多样,无论是形式还是内容,在瞬息之间就有可能发生新的改变。应用各种计算机软硬件技术,对声音进行开发、造型、拼贴、控制和处理,几乎达到无所不能的境地;图形化制谱技术的应用,不仅推动了出版业的发展,对当代音乐的传播与推广,亦起到积极的促进作用;建立在"人机对话"原理上的控制技术,为在电子音乐与其他艺术形式之间搭建起彼此"呼应"的一种"交互"关系提供了更多的可能性,使电子音乐的作品展示一改过去较为单调的"局限性",无论是自身成果的展示,还是与其他艺术类型的结合,均能够通过更为多元的展演方式、更加自如的控制技术、十分丰富的表现手段,彰显出电子音乐特有的艺术魅力。

历经半个多世纪的电子音乐,在发展演变过程中,与众多20世纪作曲大师为之所付出的心血息息相关。早在电子音乐问世之初,瓦列兹、梅西安(Olivier Messiaen)、泽纳基斯(Iannis Xenakis)、布列兹(Pierre Boulez)、贝里奥、斯托克豪森等一代宗师,就汇聚在舍费尔周围,投身于方兴未艾的电子音乐实验与实践中。在这些巨星们的积极参与和倡导下,建立新观念,应用新手段去创造更具个性特征的新音响,成为当时引领专业音乐发展的一种"时尚"风范。这一思潮影响了一批世界级的杰出作曲家和音乐家,如:艾默特(Herbert Eimert)、马代尔纳(Bruno Maderna)、巴比特(Milton Babbitt)、里盖蒂(György Ligeti)、诺诺(Luigi Nono)、乌萨切夫斯基(Vladimir Ussachevesky)等人。在他们的不懈努力下,仅用短短的几年时间,先后在欧美许多国家创建起各种类型的实验室与工作室,最具代表性的实验室和工作室有:艾默特创建的德国科隆"西德意志广播电台电子音乐工作室"(Westdeutscher Rundfunk)、贝里奥和马代尔纳创建的意大利米兰"电子音乐实验室"、乌萨切夫斯基创建的美国"哥伦比亚-普林斯顿电子音乐中心"(The Columbia Princeton Electronic Music Center)以及布列兹在法国巴黎创建的著名的"音乐声学协调研究所"(IRCAM)等。这些高规格、高标准的创研基地,引领着电子音乐的发展潮流,吸引着越来越多的音乐家,对电子音乐进行系统性的理论研究和多样化的技术开发,取得十分丰硕且令人瞩目的成果。以此为基础,随后又在高校构建起较为完善的教学体系,使电子音乐成为音乐学科不可或缺的一个重要组成部分,迎来20世纪音乐领域多元发展、相互渗透、成就斐然的一个辉煌时期。

我国的电子音乐起步于20世纪80年代中期,经过二十多年的不懈努力,从无到有,由小变大,如今呈现出一派生机盎然的蓬勃发展之势。然而,我们应该清醒地认识到,目前,虽然我国的电子音乐已成为音乐领域中不容忽视的一个重要组成部分,全国各地不少高校也都纷纷开设有电子音乐,或与之相关的学科专业,但总体发展水平仍很低下。主要表现在:对于电子音乐学术标准的认识和理解不够完善,其中有许多基本概念和技术规格仍存在不少模糊不清、规范不当的误区;对于电子音乐的理论研究严重滞后,学术成果非常有限,电子音乐的专业教材和教学参考文献十分匮乏,难以建立和健全高标准、系统化的电子音乐学科体系,制约了该领域的整体发展……

为了能够突破我国电子音乐发展中的"瓶颈"局限,更好地建设并完善我国电子音乐学科体系,使我国的电子音乐创作、设计和研究真正能够进入到一个具有国际视野的学术化发展轨迹中,逐步缩小与欧美国家之间的差距,为我国电子音乐的教学实践、理论研究和技术开发,提供并积累一些具有一定实用价值的教学用书或教学参考书,正是我们编写这套丛书的初衷。

参加本套丛书编写的作者,主要来自四川音乐学院电子音乐系的专家和学者,虽然他们的平均年龄较为年轻,却在长期从事的电子音乐创研工作中积累了丰富的经验,其中的一些还能够充分利用较为深厚的理工科学习背景,在实验和实践中,体现出学科交叉、相互融合的专业特色与优势。丛书中的许多选题及内容,正是他们长期认真思考,潜心研究的学术成果。同时,我们还将积极创造条件,期待与国内外电子音乐学界具有一定声望的专家、学者进行合作,邀请他们一道共同参与本丛书的编写工作,力求使这套丛书从选题到内容都能够更加丰富和丰满。在丛书选题、内容及编写方式上,虽然我们希望通过多个视点、多个层面和多种需求,力求能够较好地体现丛书在学术性、专业性、实用性和普及性等方面所应具有的价值,但面对电子音乐这样一个内容浩瀚且发展迅速的新兴音乐领域,难免会由于视野、时间、能力等因素对我们的制约与局限而出现一些疏漏甚至留下不少遗憾。这些疏漏和遗憾,有待于能得到读者的关心和批评,更期盼能得到专家、学者的赐教和指正,以促使我们不断地改进并完善。

通过这样一种"抛砖引玉"的方式,能够为我国电子音乐的不断演进与发展,在理论研究和技术开发方面,尽到我们的绵薄之力,增添些许的"砖瓦"构件,进一步夯实电子音乐的理论基础,在未来的演变过程中,使之更具科学性,更加规范化,正是我们编写《电子音乐理论与技术丛书》的最终目的和意义。

在此,还要特别感谢西南师范大学出版社,尤其是社长助理、音乐教育分社社长周松先生,正是由于他们的胆识和勇气,让这套丛书陆续得以出版,才能使我们美好的愿望能够变成现实,为我国电子音乐的发展起到推波助澜的作用;正是因为他们为作者所提供的诸多便利,才能让更多的专家、学者能够潜心参与其中,无私地奉献出他们的智慧和才华,为我国电子音乐的学科建设、创作实验、理论研究和技术开发,留下一笔十分珍贵的财富。

易柯　胡晓

二〇一三年十一月

译者按

YIZHEAN

　　《Kyma 系统实用技巧》是作曲家杰弗里·斯托莱特(Jeffrey Stolet)所著 *Kyma and the SumOfSines Disco Club* 的中文版,由王驰和陆敏捷完成翻译,是四川音乐学院电子音乐理论与技术丛书之一。这是一本关于 Symbolic Sound 公司开发的 Kyma 系统在声音设计、互动音乐作曲、实时演奏方面的应用教程,也是第一本关于 Kyma 系统实用技巧的中文版教程。杰弗里·斯托莱特教授对英文版原书的命名源于其在撰写此书时的奇特经历,并在本书的《引言》中做出了解释。因中国与美国文化差异,为了避免中国读者对英文版原书名可能产生的困惑,译者征得原作者同意以后,根据教程内容,将中文版书名修订为《Kyma 系统实用技巧》。为保证原书内容的逻辑性与完整性,译者在文中沿用了英文书名 *Kyma and the SumOfSines Disco Club*,并保留了作者在每个章节后附加的作者本人小段故事经历。特此说明!

　　感谢原著作者杰弗里·斯托莱特教授提供本书的英文文本,并授权翻译,他在中文版编译过程中给予的耐心帮助确保了翻译的顺利完成。感谢 Symbolic Sound 公司创始人卡拉·斯卡拉蒂(Carla Scaletti)和库尔特·赫布尔(Kurt Hebel)对 Kyma 系统细节问题的准确解答和指导。感谢美国俄勒冈大学音乐与舞蹈学院、交互音乐技术中心,以及四川音乐学院电子音乐系对翻译工作的支持。虽然译者已尽力查找错误并努力修改,但是鉴于译者能力有限,错误与纰漏在所难免,敬希各位读者、同仁指正!

王驰　陆敏捷

二〇一三年二月

致 谢

ZHIXIE

　　本书的完成与卡拉·斯卡拉蒂(Carla Scaletti)和库尔特·赫布尔(Kurt Hebel)的技术支持密不可分。他们通过网上聊天工具和电话沟通的方式帮助我解决了对Kyma技术方面的很多疑惑。同时，我在这里要感谢俄勒冈大学计算机信息科学系的安东尼·霍恩夫(Anthony Hornof)教授的许多宝贵意见。他对运算和编程环境的缜密描述让我对所要撰写的内容有了更加清晰准确的思路。写这本Kyma教程的初衷是为了我的学生，也为了让我更好地开展教学。正是学生们在学习中遇到的问题和提出的评论组成了本书内容和表述的方式。在此，我想感谢库尔特(Kurt)、卡拉(Carla)、布莱恩·贝利特(Brian Belet)、史蒂文·查特菲尔德(Steven Chatfield)、西蒙·哈钦森(Simon Hutchinson)以及王驰(Chi Wang)。他们阅读了《Kyma和SumOfSines迪斯科舞厅》(*Kyma and the SumOfSines Disco Club*)一书的初稿，并给予我改进的建议。我还要感谢亚当·尚利(Adam Shanley)在后期对初稿的勘误和润色。从很多角度看，一本书是由封面开始的，为此我非常感谢凯文·赫斯(Kevin Heis)设计的出色封面。最后，我要感谢我美丽的妻子久美子(Kumiko)。为了完成此书，我需要在一段时间内高度集中精力，进行高负荷的工作。久美子在此期间给予我包容和支持，此书成功撰写离不开她对我的鼓励和付出。

　　虽然本书得到我才华横溢的朋友们、同事们的支持与协助，但是仍不免有疏忽和遗留的错误。虽已尽力查找与修改，本人对书中所有疏漏和错误负有全部责任。

杰弗里·斯托莱特

中国，西安，二〇一一年六月

引　言
YINYAN

今年二月(2011年)，我基于 Kyma 创作的新作品 Manda no Sahou 在斯坦福大学首演。作品灵感来源于录影带电影明星竹内力(Riki Takeuchi)饰演的角色万田银次郎(Ginjiro Manda)。在斯坦福大学期间，我到约翰·乔宁(John Chowning)先生家做客，有幸听到许多关于音乐、艺术、技术和人生的故事。当年约翰在雅马哈公司设计 DX7 合成器的时候在日本住了好一阵子。谈到东京的小巷子，我们都赞叹不已。

他讲到其中一个故事，对我来说就像发生在东京沧海一粟的一条小巷中的美丽传说。约翰在这一带的小巷子里闲逛，有些小巷子窄到容不下一辆车。在欣赏这些颇有情趣的小巷子时，他偶然发现在巷尾的画廊里正在展出作品。走进画廊，他看到整个屋子里面陈列满了抽象夸张的挥墨泼毫的日本书法作品。一幅特别的作品吸引了约翰，他站在那幅作品前面，开始好奇艺术家要花多长时间来完成这幅作品。当时身边一个年轻的日本女孩同样在思忖这幅作品，于是约翰便问这女孩是否知道艺术家用时多久才完成这幅作品。女孩说她也不知道，但是画廊另一边站着的那位吸着烟卷、头发灰白、年过八十的老人正是艺术家本人，她可以过去问问。

女孩走到画廊的另一边跟艺术家交谈了几分钟。回来以后，女孩告诉约翰，艺术家说这幅作品他花了两个月的时间来构思，花了三十秒钟的时间书写。

约翰讲的故事引起了我的共鸣，因为在听到这个故事以后的几个星期，我一直在不断复述这个故事。与此同时，我已经开始致力于撰写这本 Kyma 奇遇记。我写书的想法简单得可怜：把知道的记录下来。现在也是如此。这种想法意味着我需要一段时间集中地对 Kyma 进行深入思考，再集中一段时间记录下我的思考。花了大概六个星期的时间来思考 Kyma 这一庞大的语言后，我发现自己写这本书的策略与约翰·乔宁先生故事里那位灰白头发艺术家的创作方式如出一辙。只是我计划用两个月的时间来思考和构思，再用两个星期的时间来写书。所以，二〇一一年六月十五日，我去了中国西安，在那里将我头脑中的这本书变成了文字。此前我也考虑过到阿根廷的布宜诺斯艾利斯、洪都拉斯的特古西加尔巴、波多黎各的圣胡安和日本的大阪。

1

写这本书是一项很重的任务,而我的做法有点古怪——把自己锁在酒店房间里面敲键盘敲到手指快断掉——所以我一直在思考自己是否找到了最好的地方,将这本书落到纸面。直到在谷歌地图上寻找酒店附近的饺子馆时,我确信自己选择了一个正确的地方。在地图上,我发现距离酒店几个街区的地方,有一个名为SOS的迪斯科舞厅。当然,您可能还不知道SOS迪斯科舞厅跟Kyma有怎样的关系,但是读完本书,您将完全了解。因此,我制定了行程计划——写书、参观秦始皇兵马俑(在西安城外),然后去体验SOS迪斯科舞厅。

在这本书的开始,我有必要向大家阐明自己的观点,即我在写什么,我为什么要写。此书之前已有一本出色的*Kyma X Revealed*手册,实际上它几乎涵盖了Kyma的各个方面。而且,*Kyma X Revealed*有一系列与Kyma相关的在线资源库的支持与扩充。我在想,自己能做出什么贡献? 从哪些方面对Kyma进行介绍? 有没有一种不同的内容结构能帮助我清楚地阐述自己想要表达的东西,可以在大学直接用它来教授Kyma。我写这本Kyma教程是为了我的学生们,无论他们在俄勒冈大学,还是在其他地方。正是为了满足他们的需求,才有了这本书的内容和组织结构。我也相信,我的学生们在学习Kyma时遇到的问题也是其他学生的兴趣所在。

我反复思索自己准备写什么,几个月以后我意识到只有从自己最有研究热情的内容出发,才能真正让读者有收获。在Kyma环境中,计算机音乐、实时音乐演奏、数据以及数据的生成、获取、变形,数据在发掘美好音乐旅程和体验,都反映着人生的点点滴滴,这是我的美学价值核心。

在《Kyma和SOS迪斯科舞厅》一书中,我与大家分享的是关于数据和Kyma应用的自己钟爱的方法,因此在知识的全面性上本书无法与*Kyma X Revealed*相提并论,我只是集中描述了最吸引自己的部分。也就是说,例如书中我可能只介绍了合成过程的部分控制特点,或者是实现某种音乐效果众多方法中的几种。哪些主题着重强调,哪些主题简单带过,等等,都是基于我对Kyma的深入了解和自己最感兴趣的内容。

我个人对Kyma的兴趣方向并不意味着忽略Kyma的基础。构建清晰和准确的知识基础对于任何学科领域的深入理解和专业钻研都是非常必要的。为此,我介绍了基本要素和概念,以及它们相互之间的联系。同时,我也讨论了特殊控制语言、特殊分析和编辑工具,以及Kyma排序与混合声音的方法。虽然我讲了Kyma的很多概念和操作基础，但是此书并不是一本强调声音设计或者声音合成基础的书。这些主题并不在我想要强调的范围内①。最后，我决定与大家分享我在Kyma系统中的经验与细节，结合基础框架进行描述，这是我介绍这一强大语言的本质所在。

这本Kyma教程的很多部分沿袭一条主线，而有些章节，例如"50个核心声音物件""声音物件字典"，以及"菜单项"，为了更有效地介绍，并没有按照此方式。我认为这种组织方法使这本书既可以成为阶段学习的入门书，也可以作为一本有效的参考书。我喜欢在咖啡厅里面阅读(上帝保佑星巴克)，因此文本的编排照顾到阅读时就算身边没有Kyma系统也很方便。Kyma是一门高度统一的语言，因此在一些知识交叉点进行相关主题的介绍是不可避免的。当我论述这些附加问题时，以利于和支撑主题的介绍为立足点。在教程中，我会更加详细地介绍这些主题。现在，我们开始Kyma的旅程！

---

① 数字音频和声音合成的基础介绍，请参照电子音乐互动教材第二版本，电子音乐互动教材中文版网站：http://pages.uoregon.edu/emi/chinese/index.php。

目 录
MULU

第一章　Kyma是什么？

　　Kyma系统是软件部分和硬件部分相结合而构成的系统。软件部分是Kyma编程语言，硬件部分为软件编程进行计算并产生声音。Kyma的软件部分更多地显示出其面向对象、可视化编程语言的特性。对我而言，Kyma是一种数据驱动的语言，从根本上来说就是关于数据变形的语言。这种语言通过观察数据、获得数据、变形数据来创造想要的多种音乐效果，揭示出数据的多方面特性。我们可以将Kyma看作一门"特定领域"的语言，因为它是专门为处理声音合成以及变形，声音的探索和构建，音乐作品的演奏和创作提供优化帮助的语言。基于Smalltalk，这门语言着力于开发音乐目标的功能（与C/C+，Fortran，Java或者Pascal等通用语言不同），为用户提供实现他音乐目标的大量工具。Kyma可以很大程度地扩展，这使其在创新性探索上成为更好的创作环境。即使不进行扩展，Kyma世界也十分浩瀚，我自己还甚少涉足Kyma的外部扩展。

　　Kyma使用的硬件音频加速器是Pacarana。Pacarana将计算机主机从实时生成声音的运算负载中解放出来，就像显卡将主机CPU从实时图像运算负荷中解放出来一样。因为此硬件加速器是专门为计算和实现声音而设计的，并没有承担运行操作系统或者图像运算等其他计算负荷，所以用户可以集中每个运算周期优势来创造声音和控制声音细节。

　　最新版本的Kyma提供了Paca和Pacarana两种硬件装置，而且这两种硬件加速器都分别占用单个存储架空间，可以连接到商业声卡上。到写书之时，Kyma已能支持35种声卡。Kyma这两种硬件设备分别含有两个和四个庞大的核心处理器，Kyma使用得当的时候，能同时处理成千上万个振荡器或者粒子单元，几十个混响，以及其他效果。

　　Kyma是一种语言，不是应用软件，用户会很快感觉到Kyma和应用软件程序之间的区别。应用软件专注于有限的目标，一般都提供有限的操作平台。这种局限性在形式上通常体现在菜单中有预定义的选项。语言，从另一角度来讲，组件如何使用，哪些操作范式有普遍使用价值等方面都具有更少的预期性。在Kyma中，软件代码可以非常灵活地连接,就像语言中的字词,因此用户就能控制音乐创作过程及作品美学目标的实现。Kyma是一种语言,一个可以塑造无穷无尽声音世界的语言,是一门需要你付出一生时间去探索的语言。

虽然还没有尝试过,但是我相信可以用Kyma计算我的税单,输出需要缴纳的税款。更妙的是,我猜我还能用Kyma将我退税的数据转换成一首声音作品!!(但是很不幸,我相信这种转换的结果将创造出一首很悲伤的音乐作品。)

除了我个人对Kyma着迷的方面,Kyma还可以用在很多方面,如音乐作曲、电影音乐、声音效果制造、录音室中的声音设计、音乐实时演奏、以实时音频信号作为输入互动的声音装置、MIDI,Max等其他软件以及科学研究。

第二章 如何连接一个Kyma系统

设置Kyma系统并不复杂,包括三个基本要素:Kyma软件、Pacarana和声卡[1]。关于如何建立Kyma系统,读者可以从Symbolic Sound公司的官方网站获取完整介绍:

http://www.symbolicsound.com/Learn/SettingUpPacarana

现在,我来总结一下这个简单的过程。

1. 筹备计算机

Kyma在Mac OS或者Windows计算环境下运行。在安装Kyma软件之前,读者要确保计算机已经适当地安装了必需的系统软件。到撰写本书为止,Kyma X要求在Mac OS X 10.4或更新版本,或者是Windows XP及Service Pack 3升级补丁(或更新版本)[2]。

2. 安装Kyma软件

将Pacarana连接到计算机之前,应该安装好Kyma软件。并且,不要安装即将与Kyma一同工作的任何声卡驱动。所用声卡需要单独(或者最好单独)为Kyma服务。在与Kyma共同使用时,如果安装了声卡相关驱动,可能导致很大的问题[3]。

3. 为Pacarana提供电源

以适当的顺序来连接电源非常重要:

首先,将外部电源连接到Pacarana的电源插座上;然后,将交流电源线与外部

---

[1]本书中Kyma提到的硬件都是指Pacarana,但Pacarana只是Kyma系统支持的多种硬件中的一种,其他硬件加速器如Paca或者Capybara同样也支持Kyma系统。

[2]作为Mac系统的忠实用户,我使用Macintosh命名来表示所有的键盘指令,如果您在PC操作系统中运行Kyma,只需要使用Ctrl键来替代Cmd或Option键(Macintosh电脑键盘中的按键)。

[3]后来,皮特·克里斯托弗尔森(Peter Christopherson)找到了解决接口排斥问题的有效方法。Symbolic Sound官方网站上公开信息,描述了如何使用MOTU Ultralite来配合Kyma和其他软件环境下共同工作。关于此信息的URL地址:http://www.symbolicsound.com/Learn/MotuMacPacaAlternating。

电源相连;最后,将交流电源线与接地的交流主电源输出连接。

千万不要在外部电源接通的情况下将其与Pacarana做连接。

Pacarana很智能——无论在哪个国家,Pacarana外部电源都会根据其连接的交流主电源进行自动配置。将Pacarana,计算机和所有附属的外围设备连接到同一个电源插座上,既保证了安全,又避免了接地回路,这是一个不错的连接方法。(其他很多音频设备连接方法都是一样的)

Pacarana在运行的时候要产生大量的热量,所以它必须有足够的物理空间来通风。我个人的Pacarana放置在一个桌子上,且设备上不覆盖任何东西。"未来音乐俄勒冈中心"放置每台Pacarana的上下至少留有几个空置机架的空间,以方便通风。在此方面,我的原则是空间越大越好。

4. Pacarana,计算机和音频接口的数据连接

Pacarana为音频、MIDI通信提供两个Firewire 800端口和两个USB端口。如果要使用MIDI通信,则需要兼容USB或火线的MIDI接口。通常情况下,一个声卡包括了MIDI接口功能。但是,运行Kyma并不要求有MIDI通信连接。

计算机和Pacarana之间是火线连接——FW400(计算机)与FW800(Pacarana)的连接,或者是FW800(计算机)与FW800(Pacarana)的连接。这不是唯一途径,但是我偏向以此方式来连接,因为它在概念上与Kyma通常运行时数据传输顺序一致(图表1)。

图表1 连接Kyma系统各个部分

一般来说,在计算机上完成的程序被发送到Pacarana,Pacarana对每个音频采样点进行计算,再传送给音频接口以转换成模拟信号。在完美的Kyma系统中,Pacarana以足够快的速度计算音频信号的每个采样点(并快速把它们传送)到音频接口,保持高于采样率(每个音频通道每秒44100次)的速度。

在Pacarana和一个音频接口之间的连接可以是火线或USB方式[1]。如果是火线连接,连接方式可以是FW800(Pacarana)到FW400(声卡)。如果是USB连接,连接方式将是标准A插口到标准B插口(音频卡)。尽管火线和USB在理论上是

---

[1]目前不支持USB 2.0接口。到写书之时可使用的声卡列表可参考以下链接:http://www.symbolicsound.com/Learn/SupportedConverters。

"热插拔"的,但我从来不这样做。我会关闭所有设备,按需要的方式做连接,然后重启。这种方式既适用于Kyma,也可以用在其他音频环境下做连接。其他可能的配置可以在Symoblic Sound公司官方网站查询。

5. 开启和关闭Kyma

启动Kyma之前要先开启计算机,再打开声卡。为什么计算机和音频接口应该打开并完成启动周期?原因是Pacarana一启动就立即搜索计算机和音频卡(我们不希望看到Pacarana"失望"的样子)。

下一步,轻轻接触前面板条来启动Pacarana(图表2)。

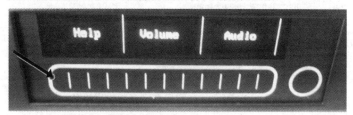

图表2 启动Pacarana的位置

Pacarana在启动过程中告诉我们以下信息:

(1)开始;

(2)欢迎我们来到Kyma,并提供其注册序号;

(3)显示一句格言和谚语;

(4)报告它正在搜寻主计算机和声卡。

一旦Pacarana播放其菜单,显示"帮助"(Help)、"音量"(Volume)、"音频"(Audio),就可以开启Kyma软件。

启动Kyma之后,必须完成最终配置设置过程。首先进入DSP菜单,再选择Status选项。DSP状态的初始设置如图表3所示。

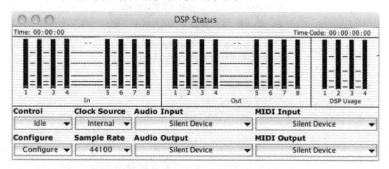

图表3 DSP状态窗口的初始设置显示

请注意，Audio Input（音频输入）、Audio Output（音频输出）、MIDI Input（MIDI输入）以及MIDI Output（MIDI输出）菜单都显示"Silent Device"（静音设备）。这些菜单选项需要进行修改。直接点击菜单，声卡、MIDI输入和MIDI输出源可以分别选择（图表4）。

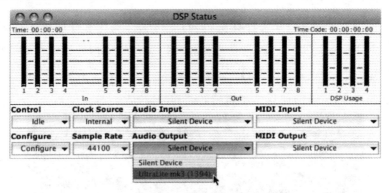

图表4 在DSP状态窗口选择音频输出设备

然后，所有菜单将改变，看起来有点像图表5所示。

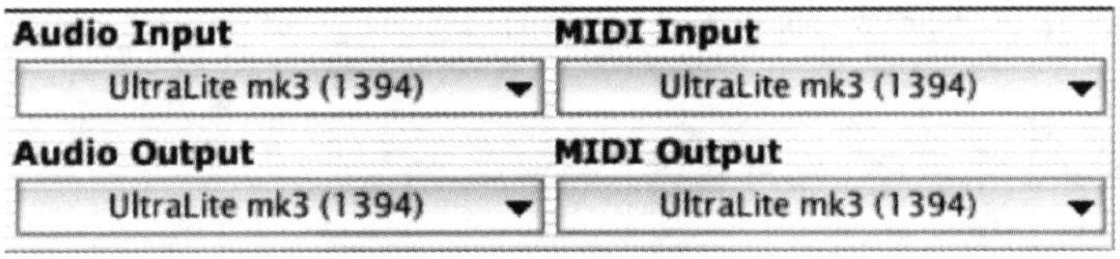

Audio Input	**MIDI Input**
UltraLite mk3 (1394) ▼	UltraLite mk3 (1394) ▼
Audio Output	**MIDI Output**
UltraLite mk3 (1394) ▼	UltraLite mk3 (1394) ▼

图表5 Audio/MIDI 接口设置窗口

最后一步，将Kyma虚拟音频输入输出与实际物理输入输出口进行匹配。要完成它，则点击Configure菜单，并选择Route inputs（发送输入）或Route outputs（发送输出）（图表6）。

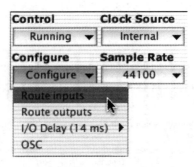

图表6 发送Kyma的输入和输出

　　使用如图表7所示矩阵完成连接,指定哪个虚拟输入和输出通向物理输入和输出。

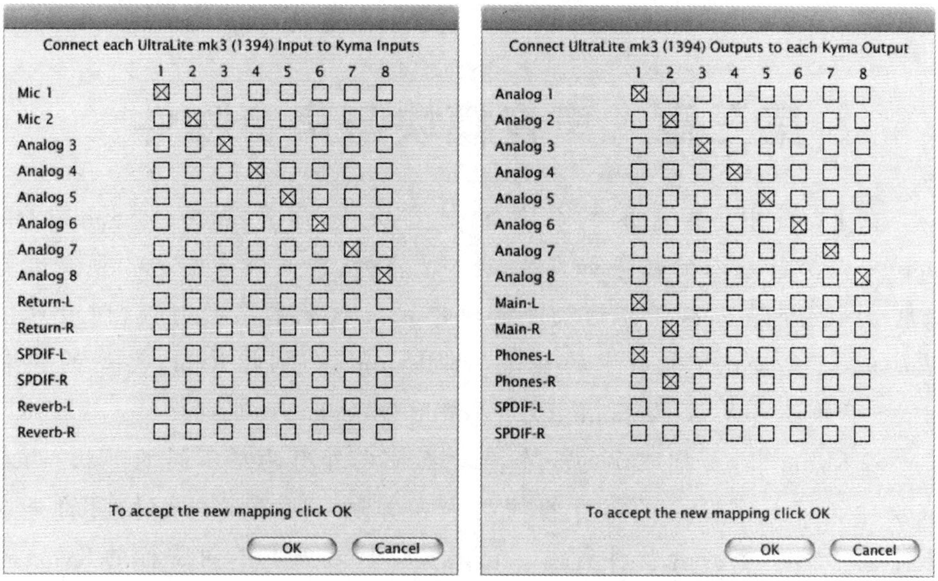

图表7　为MOTU Ultralite mk3音频卡提供的输入/输出矩阵

　　现在可以开始使用Kyma了。

　　如果要关闭Kyma,首先应退出Kyma,然后轻轻按住触摸条上的圆圈,并停留3秒钟。可以设置Kyma是否显示一句格言或谚语。

第三章　声音模块与声音物件

在 Kyma 中，最基本的软件构建单元叫作声音物件（Sound Object）——执行基本的任务如发生、修饰、叠加、存储或者发送音频或者音频控制数据[1]等基本任务的软件模块单元。按照本书的习惯，同时也依据 *Kyma X Revealed* 手册中的规范，当"Sound"一词指 Kyma 类型的声音时，首字母应当大写：如 Sound 或者 Sound Object。

在 Kyma 中，图标表示的一个声音物件内外有两层不同的形状，两者结合标识了一个独立的声音物件的内在算法。所有的外形相同的声音物件属于同一个声音物件种类。图表8所示为五类不同图标的 Kyma 声音物件。

OscillatorBank　CloudBank　DiskPlayer　GraphicEQ　OscilloscopeDisplay

图表8　五类声音物件的图标

Kyma 语言所表示的声音物件分类有：振荡器（Oscillator）、采样（Sample）、噪音（Noise）、音频输入（Audio Input）、混合器（Mixer）、声相（Pan）和图形包络（GraphicalEnvelope）等，还包括功能强大的，仅执行特定命令类型的发生以及变形过程的声音物件类别。

Kyma 大概有190个不同类型的声音物件。

单个的声音物件通过通讯连线相互连接起来，变成更复杂的 Kyma 声音模块。连接的目的是：使数字音频信息或者音频控制信号在彼此相连的声音物件中传播。Kyma 声音物件之间相互连接好以后的图形表达，形象地反映出声音生成或

---

[1] 我的命名方式与 Symbolic Sound 公司的术语命名有细微差别。我使用 Sound Object（声音物件）这个术语来指代单个模块，用 Sound（声音模块）来指代通常由多个 Sound Object（声音物件）连接构成的群。

者改变的程序。执行这个程序将进行(1)编译,(2)下载,(3) 执行的过程(图表9)[①]。

Compiles
Loads
Executes

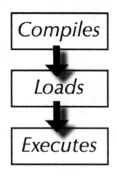

图表9　向Pacarana发送指令的过程

在有些情况下,许多声音创造或者修饰的过程合并成一个独立的Kyma声音模块类。还有些情况下,更复杂任务的实现需要通过连接多个声音物件,形成声音物件网络,得到一个新的,更加复杂的声音模块。

从实践和音乐角度出发,符号声音(Symbolic Sound)公司已经做出了一系列合理决策,包括:何时将多个音乐处理过程合并为单个的有效模块,使任务化繁为简,允许用户更快地实现其想要的音乐效果。在任何情况下,无论声音模块是简单的——仅有几个声音物件构成,还是复杂的——由很多声音物件组成,声音模块不过是告诉Pacarana如何实时地计算音频信号[②]。图表10、11和12表明了Kyma声音模块的三种实现方式。

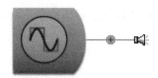

CrossfadingMulticycle
Oscillator

图表10　单个声音物件组成的Kyma声音模块

① 此处,Compiled(编译)代表将信号流的图形表达方式改写成为Pacarana理解的带有时间标记的指令序列,并且决定程序(载入硬件的)应该如何分配任务至Pacarana的不同处理器;Downloaded(载入)表示通过Pacarana的火线连接发送给Pacarana的指令;Executed(执行)表示Pacarana执行载入其中的指令。

② 为了清楚地阐述,我想提示大家,在Kyma中"声音"(Sound)这个术语并不是指声音文件或.wav,.aiff格式的数字录音文件。虽然音频文件是Kyma要用到的文件类型之一,但是术语"声音"(Sound)是指单个物件,或者一组相互连接物件,而非一个音频文件。

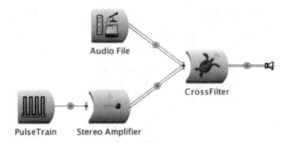

图表 11　由 4 个不同的声音物件连接组成的 Kyma 声音模块

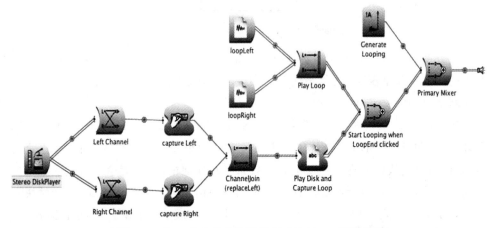

图表 12　由 13 个声音物件连接组成的 Kyma 声音模块

可相互连接的声音物件数目几乎没有限制（实际上大概限制是 20 亿）。

第四章　声音模块文件

单个声音模块通常不会保存为单个文件,而是保存为一组声音模块,我们称之为声音模块文件(Sound File)。

图表13显示了典型声音模块文件窗口,其中存有16个独立声音模块。通常情况下,这些声音模块相互之间有所关联——例如,都是用于同一首作品或者使用同类技术所做声音模块,等等。

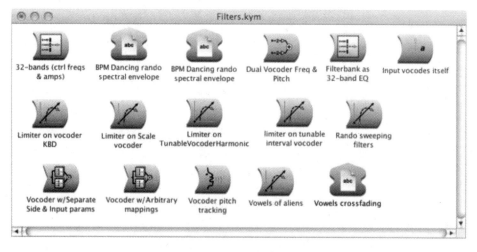

图表13　典型声音模块文件窗口

为了清晰地阐述,我们现在来复习一下相关术语。Sound Object(声音物件)指的是独立的软件组成部分,用独立图标表示,执行如发生、修饰、存储或者发送音频、音频控制数据等命令。术语声音模块(Sound)指的是单个声音物件,或者声音物件构建的一个网络。术语声音模块文件(Sound File)指的是一组声音模块存储在一个程序包中成为一个文件。

如果要创建一个新的声音模块文件窗口,则选择File(文件)菜单下的New(⌘N)选项。然后在弹出的对话框下选择Sound File选项,并点击按钮New。

声音模块可以通过复制和粘贴的方法放入声音模块文件窗口中，从一个窗口拖入到声音文件窗口（下一章"如何找到 Kyma 声音模块和声音物件"将讨论如何复制和拖动声音模块）。

一旦声音模块被移动到声音模块文件窗口中，声音文件就可以被保存为带有 .kym 后缀的 Kyma 文件。如果要保存声音模块文件，则使用保存快捷键（⌘S），或者选择 File 菜单下的 Save As...选项。

第五章　如何找到Kyma声音模块和声音物件

有两个地方可以找到Kyma声音模块：声音模块浏览器（Sound Browser）、模型工具条（Prototype Strip）[1]。我们按顺序来分别介绍。

第一节　声音模块浏览器

由于声音模块浏览器和声音模块章节直接相关联，它是放置和试听声音模块的一个目录（列表），也是与其他声音模块联合测试的地方。在声音浏览器中的声音模块可以直接被拖曳到声音文件窗口中保存或编辑。

声音模块浏览器不仅仅是找到声音模块的窗口，也是可以找到所有与Kyma相关的文件类型的窗口，甚至命名为浏览器更为恰当。浏览器中可以找到的文件类型分别是".spc"（spectrum），".txt"（text），".psi"（PSI），".tau"（TAU），".aif"以及".wav"（audio），".ktl"（timeline）和".kym"（Sounds）。在声音浏览器中不含后缀的文件就是独立的声音模块。

如果声音模块浏览器没有自动显示，则点击File菜单下的Sound Browser选项重新打开。从文件菜单下打开的声音模块浏览器如图表14所示。

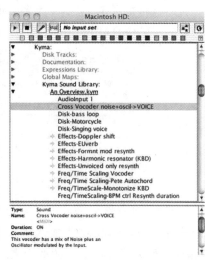

图表14　声音模块浏览器

---

[1]除了这两种选择，Symbolic Sound公司的官方网站还提供了一个空间给Kyma用户发布声音模块，以供大家下载。目前在线收集到的声音模块可以访问：http://www.symbolicsound.com /Share/Sounds。

点击文件夹左边的三角,可以显示或者隐藏声音模块浏览器的内容。点击左右箭头可以打开和收起目录。按下**空格键**可以播放和停止选定的声音模块或者文件。如果文件类型并不是声音模块,Kyma会将其放入合适的声音物件中播放此文件。

声音模块浏览器顶部的一系列按钮负责控制声音模块和文件的播放(图表15)。

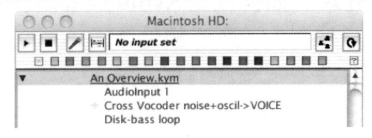

图表 15　声音模块浏览器的上半部分

点击左起第一个按钮,播放声音模块浏览器列表中的声音模块(或者文件)。(空格键可以播放和暂停所选声音模块或文件)

点击左起第二个按钮,停止所选声音模块或者文件。

在这种情况下,包括在大多数情况下,将光标放在界面显示的对象上即可得到相应的帮助信息(图表16)。

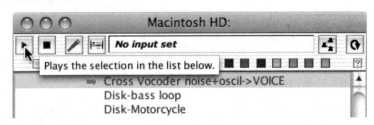

图表 16　在Kyma系统中,鼠标悬停即可得到相应帮助信息

列表中(软件界面此处是青色)箭头(➡)后的声音模块,播放的是对默认输入的某种修改。替换这些默认输入很容易,所以被称作**可替换输入**(replaceable inputs)。利用可替换输入的概念来将不同声音模块发送到选定的变形模块算法中,这里有几种方法。

一种情况是实时输入,例如将麦克风连接到系统中,将得到的信号发送到可替换输入;另一种情况是将一个选定的声音模块发送到可替换输入中。

使用声音模块浏览器左起第三、第四和第五按钮可以实现这两种方法。

点击左起第三个按钮(带有一个麦克风图标的按钮),在右边加入一个实时输入信号到可替换输入。连续点击此按钮依次选择不同的输入声道或者声道配对。

位于显示目录左边和右边的第四个、第五个按钮配合使用。

点击左起第四个按钮,将任意声音模块或者文件放入显示目录。

点击左起第五个按钮,将显示目录中的声音模块发送到可替换输入中。

点击这个环形箭头按钮,更新自从上次发生变化之后的目录。

点击问号打开声音浏览器帮助。

位于声音模块浏览器顶部的彩色方框,有助于浏览声音模块浏览器目录。

每一个颜色与一个文件类型相关联。如果要查看颜色框与文件类型的关联,就将鼠标悬停在某个方框处。通过选择或者取消一个颜色框,相应文件类型就可以在列表中显示或者隐藏,从而方便查找。点击一个颜色框将只显示此类文件。要加入一个当前隐藏的文件类型,只需按下Shift+Click相应颜色框。要取消一个已选颜色框,则再次按下Shift+Click该颜色框。

声音模块浏览器的底部显示所选文件的相关信息。

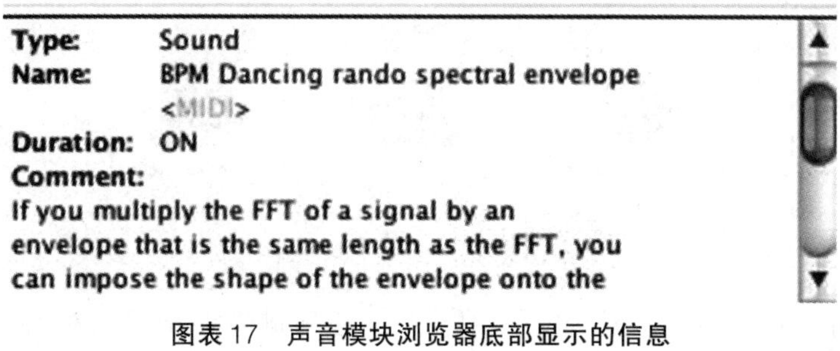

```
Type:      Sound
Name:      BPM Dancing rando spectral envelope
           <MIDI>
Duration:  ON
Comment:
If you multiply the FFT of a signal by an
envelope that is the same length as the FFT, you
can impose the shape of the envelope onto the
```

图表17 声音模块浏览器底部显示的信息

这些信息中包括:文件类型信息、文件搜索路径(所在位置)、最后修改日期、文件时长以及其他相关信息。

如果要使用某个声音模块,则将其从声音模块浏览器拖到声音模块文件窗口(或者拖到声音模块编辑器或时间轴,本书将在第18页和第177页开始分别对其介绍)。

双击任何一个文件,打开与该文件类型相对应的编辑器。

声音模块浏览器中包含简单到只有一个声音物件的声音模块,也包含复杂到声音物件结构网络的模块。

Kyma的声音模块浏览器中嵌入的Kyma声音模块库,含有上千个声音模块范例,它们可以被播放或者被编辑成新的声音模块。我们将这些范例比作合成器硬件厂家附送的出厂音色。声音模块库中的声音模块类别有:采样、加法合成、减法合成、FM合成、聚集合成、混缩、交叉合成、延迟、失真变形、多普勒移调、均衡、反馈、滤波器、粒子合成处理、变形、相位变化、镶边、合唱、混响、波谱处理、琶音器、鼓机、多声道空间设计、特殊调音、MIDI相关脚本,以及声码合成。

如同声音模块浏览器里非声音模块库中的声音模块和声音模块文件,这些声音模块的播放和访问方法是一样的。有一点需要强调,声音模块浏览器中的所有文件不受写保护,声音模块和声音模块文件很容易因为不当操作被覆盖。

第二节　模型工具条

有些声音模块更加基础,在组建其他声音模块时比其他声音物件更加有用。这些相对基础的声音模块叫作模型,通过模型工具条(Prototype Strip)可以找到。因为模型工具条中包含的声音模块通常被认为是更基础的合成单元,所以模型工具条是进行原创声音设计的很好起点。

模型工具条是一个包含很多图标的长条框,位于屏幕的最顶端(图表18)。

图表18　**模型工具条**

我们可以将模型从模型工具条中拖拽(或者复制粘贴)到声音模块文件窗口进行编辑或保存。

模型工具条的左边滚动条列表包括种类广泛的声音模块。当选中一个种类(左边)后,右边窗口就会显示所有属于这个种类的声音模块图标。

有些声音模块是典型的发生器或者调节器,而其他一些则是执行发生、修饰或控制类特殊功能任务的声音模块。

模型工具条有超过360种不同的模型,包括以下种类:

振荡器（oscillators）

包络与低频发生器（envelopes and LFOs）

噪声发生器（noise generators）

声音文件播放机制（来自硬盘或内存）audio file playback mechanisms（from disk or RAM）

滤波器（filters）

延迟与混响（delays and reverbs）

特殊时变控制器（unique time-variant controllers）

调音台与空间化（声相）：mixers and spatializers（panning）

粒子合成处理（granular processes）

重合成引擎（resynthesis engines）

如果要播放模型工具条中所选的声音模块，则可以通过按空格键，使用⌘P，或者选择 Action 菜单下的 Compile，Load and Start 选项实现。

当播放一个声音模块时，动态图标 表示文件正在被传输到 Pacarana 中。如果声音模块的播放需要音频、波谱或者其他类型的文件，那么图标 显示的是相关文件与声音模块同时被发送到 Pacarana 中。

如果要暂停正在播放的声音模块，则再次按下空格键。如果要结束声音模块运行，则使用⌘K（Kill），或者选择 DSP 目录下的 Stop 选项。

模块工具条中所有模块都支持名称搜索。快捷键⌘B（Befuddled）可以弹出搜索窗口，然后输入模块的全称或者名称一部分。例如，输入：oscil，名称中含有"oscil"的所有模块将全部显示出来，再从中选择需要的模块（图表19）。

图表19　模型工具条的搜索机制

双击模型工具条中的任何模型都将自动生成一个新的声音模块文件窗口，将模块放入声音文件窗口，打开新的窗口是一个图形化显示，它描述了选定的这个声音模块内部的声音物件是如何相互连接的，以及当前选定的声音物件的参数区域。

这个新的窗口即声音模块编辑器。在下面的章节中，我将介绍声音模块编辑器、其信号流图的表示，以及相关参数区域。

第六章　声音模块编辑器(Sound Editor)

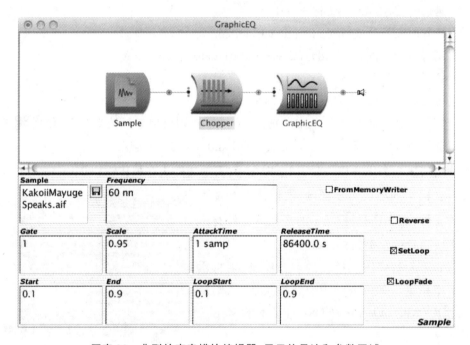

图表20　典型的声音模块编辑器,显示信号流和参数区域

　　声音模块编辑器(Sound Editor)是生成和编辑信号流,以及指定特定声音物件参数的主要区域(图表20)。首先来介绍信号流。

第一节　信号流(Signal Flow)

　　声音模块编辑器的上半部分是对声音模块、声音物件之间做连接的主要区域。

　　如果要将图标放大或者缩小,则使用组合键"⌘["或者"⌘]"变化尺寸。如果要给声音物件改名,则选中此声音物件按下 Enter,在弹出的对话框内输入新的名称,再点击 Enter 即可。

如果要查看或者编辑某个信号流图,则双击相应声音模块即可(图表21)。

图表21 双击声音模块展开声音物件链

如果要在某一连接点播放声音信号流,则选择此声音物件并按下 Space Bar,使用⌘P 或者选择 Action 菜单中的 Compile,Load and Start 选项。如果要停止播放某一声音模块,则使用⌘K(Kill),或者选择 DSP 菜单中的 Stop 选项。

Kyma 运行的基本概念模型如图表22所示。这个模型可表示为:

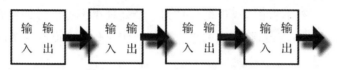

图表22 Kyma 运行的一种基本模型

音频或者音频速率控制数据在声音物件之间按照从左向右的顺序传输。所有数据,无论是音频信号还是控制信号,都以−1~1之间的数字表示。

位于信号流图最右端的扬声器小图标代表最终的音频输出。

声音物件图标之间的水平连线是通信连线,将不同声音物件连接在一起,绝大多数情况下负责传输声音信号或者控制信号,从而实现模块信号的输入/输出。

如果屏幕不能显示整个信号流图,窗口底部将出现蓝色滚动条,显示当前信号流在整个信号流图的相对位置(图表23)。

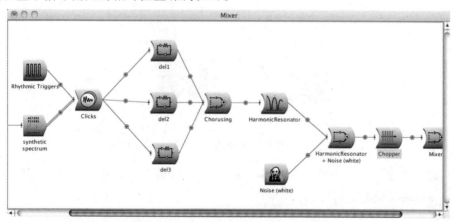

图表23 信号流超出了可视窗口区域

一旦连接好,每个声音物件将执行其特定的任务,并把执行结果发送到信号通路的下一个声音物件。在 Kyma 中,整个信号流图是基于常用音频采样率速度对每个采样点进行运算的。

当通信连线显示为一根时,代表此信号为单声道信号;如果通信连线显示为两根,代表此信号为立体声或者双声道信号(图表24)[1]。

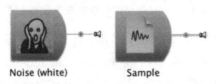

Noise (white) Sample

图表24 输出单声道(左边)和立体声(右边)的声音物件

如果一个声音物件输出双声道信号到一个处理单声道信号的声音物件中,那么 Kyma 将混叠左右声道,将产生的单声道信号作为此单声道声音物件的输入(图表 25)[2]。

Sample Sample AllPassFilter

图表25 立体声采样物件,以及立体声采样物件作为单声道滤波器物件输入

如果要在信号流中插入一个新的声音模块,就将其图标拖到通信连线处松开,如图表26所示。插入的声音模块可以来源于模型工具栏,声音模块浏览器或者其他声音模块文件窗口。

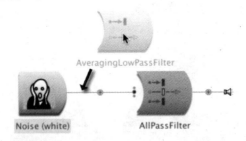

AveragingLowPassFilter

Noise (white) AllPassFilter

图表26 在信号通道中插入一个新的声音物件

如果要用一个声音模块替换另一个声音模块,则拖动新的声音模块至要替换的声音模块处松开即可(图表27)。

---

[1]在某些情况下,通信连接线既不是单声道也不是立体声,不是音频信号也不是控制信号,仅仅显示了两个连接声音物件之间的关系。

[2]此规则的一个特例是声音物件图形均衡器 GraphicEQ,当接收到一个立体声输入时,它仅取用左声道信号。

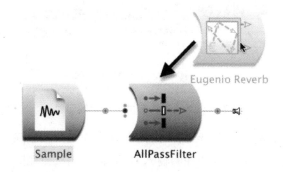

图表27 **将一个声音模块拖到另外一个声音模块处替换**

此时将有一个对话框弹出,询问是否仅仅替换当前这一个声音物件,或者替换此声音物件及其左边的所有声音物件(图表28)。

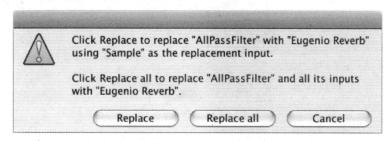

图表28 **询问下一步操作**

另外一种替换声音模块的方法是先复制声音模块,然后选中要替换的声音模块,再将复制的声音模块粘贴到所选声音模块处。

如果要将声音物件从一个信号流图中删除,则首先选中声音物件再点击delete。例如一个信号流图包含采样声音物件(Sample)、滤波器声音物件(Filter)和混响声音物件(Reverb)(图表29)。

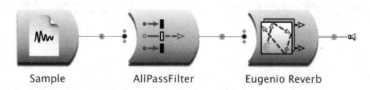

图表29 **删除之前的信号流图**

选择全通滤波器物件(AllPassFilter)删除,Kyma将出现对话框询问是否要将"AllpassFilter"替换为"Sample"(图表30)。

图表30　Kyma询问关于删除的问题

当信号流图中只有一个声音物件时,此声音物件无法被删除。

当声音物件是修饰器声音物件的输入时,此输入无法被删除。

如果需要删除的物件是混合器声音物件(Mixer),其中可能包含多个子声音物件。在这种情况下,弹出的对话框会询问选择其中哪一个子声音物件作为被删除声音物件的替换对象。图表31、32和33显示了这一操作过程。

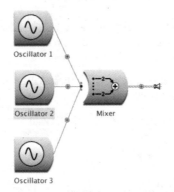

图表31　三个振荡器输入一个混合器

如果选择混合器声音物件(Mixer),并使用delete键删除,将出现如下对话框(图表32)。

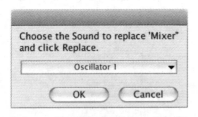

图表32　对话框要求做出一项选择

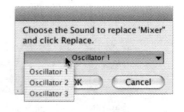

图表33　点击菜单做出选择

这也就是说做出选择之后将失去两个振荡器,留下一个振荡器。读者要从菜单中的三个振荡器中选择一个保留下来(图表33)。

单个声音模块可以被选择,并拖到声音模块编辑器窗口信号流图内的任何位置。例如,图表34和35所示的是同一个声音模块,其声音物件有不同的空间布局。

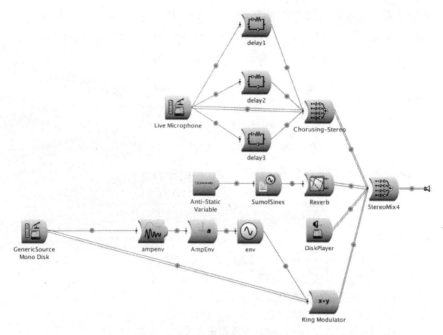

图表34(参见以下说明)

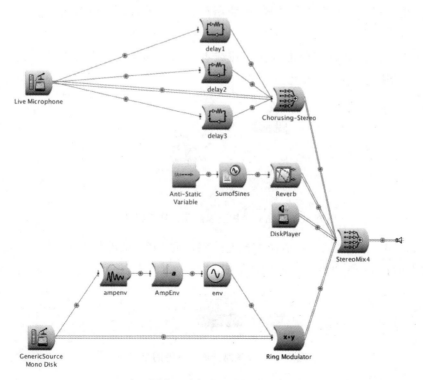

图表35(参见以下说明)

图表34和35：两个内容相同的复杂声音模块中，声音物件空间布局不同。

如果要将多个声音模块混合，则从模型工具条中或其他窗口中拖出需要的声音模块，并在信号流图的加号（＋）处松开鼠标即可（图表36）。

图表36 将声音物件拖到加号（＋）处

这一操作将使原始声音模块与拖入的声音模块合并（图表37）。

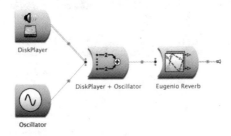

图表37 重组操作——拖到信号流图中加号（＋）处来添加新的声音物件

如果要将信号流图恢复原样，则使用Edit菜单中的Undo或者是（⌘Z）撤销某一操作。

信号流图的某一部分可以被隐藏或者显示。如果要隐藏信号流图的某一分支，则点击相应的黑点（图表38）。

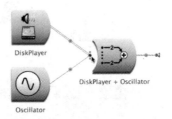

图表38 点击一个黑点以隐藏信号流图的一部分

执行这一操作后，信号流图的最左边将出现一个"尾巴"（图表39）。点击这个"尾巴"即可展开该声音模块的物件组成。

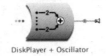

图表39 隐藏部分信号流图的示意图

如果要显示整个信号流图的部分,则双击或者⌘+Click"尾巴"。可连接的声音物件总数是没有限定的。

如果要保存一个声音模块及其包含的文件,则从File菜单中选择Save(⌘S)或者"Save as..."。选择"Save as..."Kyma将出现如下对话框(图表40):

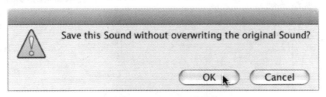

图表40　Kyma对话框

点击OK,声音模块与它所在的声音模块文件就保存下来了。

第二节　参数区域(Parameter Fields)

所有的声音物件都包含可以控制其在特定情况或者特定时刻运行的相应参数。大多数情况下,每个声音物件都由参数区域的参数控制[①]。

参数区域位于信号流图的下方。图表41中所示为参数区域的一个例子。

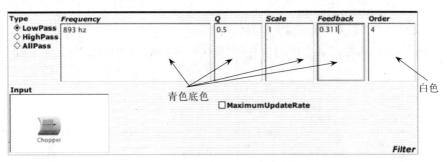

图表41　滤波器声音物件(Filter)的参数区域

有些参数区域是白色的,而有些参数区域是青色(蓝色)的。Kyma所示的参数区域中"白色"和非斜体字标注的参数区域为不可变参数区域(cold parameter Fields),它在声音物件运行时无法被改变;Kyma中所示的参数区域中"蓝色"和用斜体字标注的参数区域为可变参数区域(hot Parameter Fields),在声音物件运行时可以被实时改变。这些可变参数区域的数字可变性带来了更丰富的音乐性和表现力。

5种基本类型的参数区域如下:

---

①我使用斜体字标注有助于识别一个参数或参数区域的名字。

1. 要求指定特定文件类型的参数区域

有些参数区域要求指定特定的文件类型,以保证声音物件正确运行。例如,采样声音物件(Sample)采样参数区域中要求指定一个音频文件(图表42)。

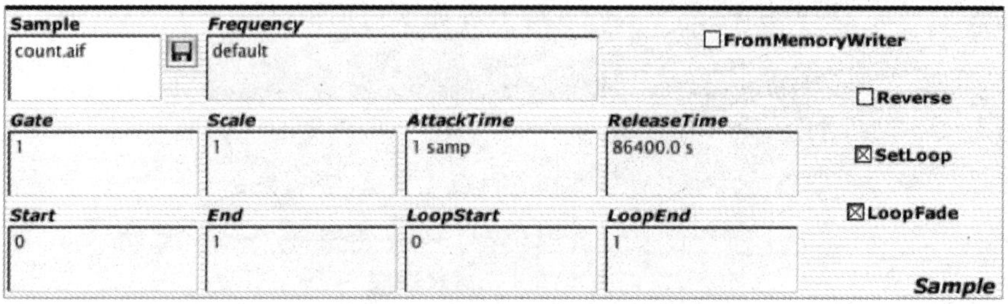

Sample	Frequency			□ FromMemoryWriter
count.aif 💾	default			
				□ Reverse
Gate	**Scale**	**AttackTime**	**ReleaseTime**	
1	1	1 samp	86400.0 s	☒ SetLoop
Start	**End**	**LoopStart**	**LoopEnd**	☒ LoopFade
0	1	0	1	
				Sample

图表42 采样声音物件(Sample)参数区域

任何要求指定文件的参数区域旁边都会有一个如下图(图表43)所示的磁盘图标:

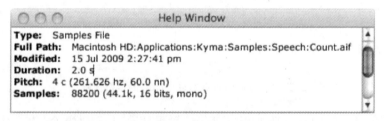

图表43 磁盘图标

正确运行特定的声音模块要求指定各自类型的文件。这些类型有".aif"和".wav"(音频文件类型)、".spc"(波谱文件类型)、".txt"(文本文件类型)、"GA .aif"(分类加法合成文件类型)、"RE .aif"和"EX .aif"(共振/激励文件类型)、".psi"(周期波谱识别文件类型)以及".tau"(TAU)。

如果要得到参数区域文件的信息,则按住 Shift 同时点击磁盘图标,显示如下窗口(图表44)。

```
  ○ ○ ○              Help Window
 ┌─────────────────────────────────────────────┐ ▲
 │ Type:      Samples File                      │ ▓
 │ Full Path: Macintosh HD:Applications:Kyma:Samples:Speech:Count.aif │ ▓
 │ Modified:  15 Jul 2009 2:27:41 pm            │ ▓
 │ Duration:  2.0 s                             │ ▓
 │ Pitch:     4 c (261.626 hz, 60.0 nn)         │ │
 │ Samples:   88200 (44.1k, 16 bits, mono)      │ ▼
 └─────────────────────────────────────────────┘
```

图表44 按住 Shift 同时点击磁盘图标,将显示此窗口

根据文件类型的不同,此窗口提供的信息稍有不同,但基本上都含有文件类型、保存路径、最后修改日期、时长、基频音高、采样点数目、采样率、分辨率和声道数目(如果包含此类信息)等信息。

按住 Ctrl 同时点击磁盘图标可以打开特定文件类型所属的编辑器。不同的文件编辑器将在后面章节中详细讨论。

2. 要求输入声音物件的参数区域

有些参数区域要求输入声音物件。滤波器声音物件(Fitlter)的 *Input*(输入)参数区域就是一个例子(图表45)。

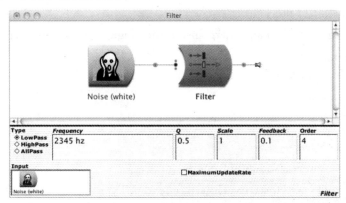

图表45　滤波器的噪音输入

在上述例子中,声音模块编辑器上半部分所示的信号流为滤波器的噪声信号输入。我们还可以看到在滤波器声音物件(Fitlter)的 *Input* 参数区域中(左下方),"Noise(white)"作为滤波器物件的输入。

3. 要求文本或者脚本的参数区域

有些参数区域要求输入文本或者"脚本",以供 Kyma 在编译声音模块时对其进行评估。 MIDI声音(MIDIVoice)声音物件的参数区域就是一个例子(图表46)。

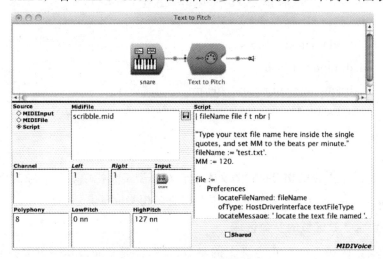

图表46　参数区域的脚本

有两种基本类型的脚本：Event—generating scripts（事件生成脚本）和Sound—constructing scripts（声音模块构造脚本）。下面一例中，脚本文件从已有文本中识别ASCII码，并将这些数值转变成MIDI音符开信息。

| fileName file f t nbr |

Type your text file name here inside the single quotes, and set MM to the beats per minute.

```
fileName := test.txt.
MM := 120.
file :=
        Preferences
                locateFileNamed: fileName
                ofType: HostDriverInterface textFileType
                locateMessage: locate the text file named.
file == nil ifTrue: [^ self abortForKyma].
f :=  file asFilename readStream.
t := 0.


[f atEnd] whileFalse: [
        nbr := f next asInteger.
        (nbr < 97) ifTrue: [t := t + 1] ifFalse: [t := t + 0.25].
        self
                keyDownAt: t beats
                duration: 1 beats
                frequency: (nbr max: 20) nn
                velocity: 1].
f close.
```

此例中，名为"Text to Pitch"的文本包含在模型工具栏中。有兴趣的读者可以查阅 *Kyma X Revealed* 手册283~291页以获得更多相关信息。

4. 不包含参数区域的参数区域

有些参数区域并非真正意义上的参数区域，而是Check Boxes（复选框）或者Radio Buttons（单选框），用来指定声音物件即将执行的特定操作。我们来看几个例子。图表47所示为采样声音物件(Sample)的参数区域,这个声音物件执行回放音频文件的功能。位于左上方的是典型的矩形参数区域;指定参数的复选框位于右方。我们着重分析复选框及其用途,尤其是位于底部的三个复选框,大多数读者都会用到它们。

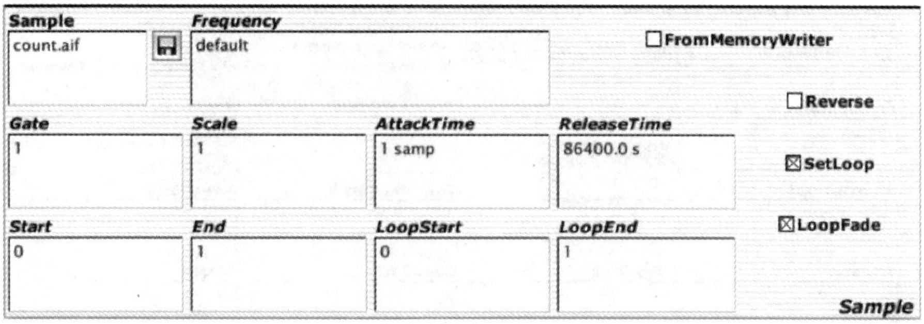

Sample	Frequency			□ FromMemoryWriter
count.aif	default			
				□ Reverse
Gate	Scale	AttackTime	ReleaseTime	
1	1	1 samp	86400.0 s	☒ SetLoop
Start	End	LoopStart	LoopEnd	☒ LoopFade
0		0		
				Sample

图表47　右边包含复选框的采样声音物件的参数区域

如果选中了 *Reverse*(*反转*)复选框,音频文件将被倒放;如果选中了 *SetLoop*(*循环设置*)复选框,音频文件就会在所设定的起始点和终点之间循环播放;如果选中了 *LoopFade*(*循环淡入淡出*)复选框,循环播放片段的结尾和开头部分将做交叉渐变(有助于避免交界的喀哒声)。复选框参数的选择很简单,相当于回答是/否:音频文件是否要倒放? 是/否。音频文件是否要循环播放? 是/否。音频文件循环部分是否要前后交叉渐变? 是/否。

我们现在来看一个例子,参数设定稍微不同,并没有在矩形参数区域内设定数值。图表48所示为一个滤波器声音物件的参数区域。

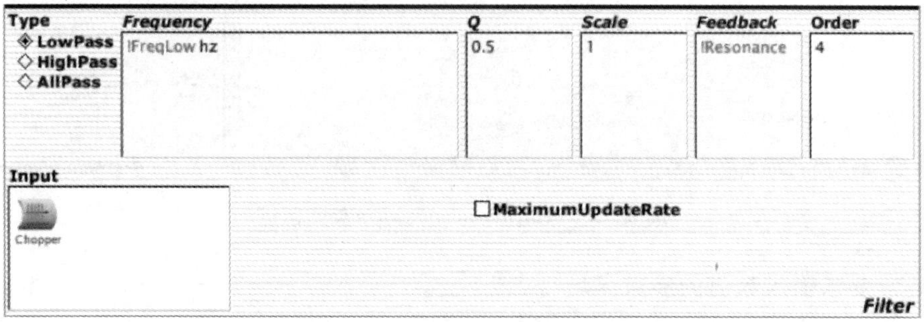

Type	Frequency	Q	Scale	Feedback	Order
◆ LowPass	!FreqLow hz	0.5	1	!Resonance	4
◇ HighPass					
◇ AllPass					
Input					
Chopper		□ MaximumUpdateRate			
					Filter

图表48　滤波器声音物件参数区域左方的单选按钮

接下来我们着重讨论位于左边的三个单选按钮,它们代表了3种不同的滤波器类型,如上图所示。这种方式更像是做单项选择题,即从3种不同的滤波器类型 *Lowpass*(*低通*)、*HighPass*(*高通*)或者 *AllPass*(*全通*)中选择。同样,此处参数也是针对多个选项中所选的那项进行设定。

下面这个例子中,TauPlayer(Tau 播放器)的参数区域除了复选框和单选框,还有一种指定参数的方法——下拉菜单(位于最顶部的一行)。指定 Tau 文件相关文件类型的 .psi 文件,就需要从这个下拉菜单中选择,如图表49所示。

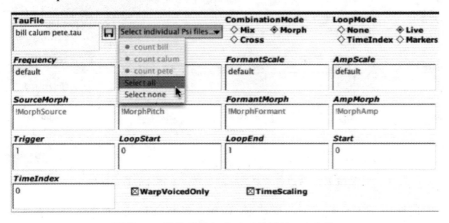

图表49　下拉菜单包含 Tau 使用的 .psi 文件

现在我来列举在非白色或青色矩形区域内设定参数的最后一个例子。我们来观察图形包络声音物件(GraphicalEnvelope)的参数区域。在图表50右半部分,有3个矩形参数区域和一个复选框;而左半部分是一个 *Envelope*(包络)区域,可以指定多段包络的时长和幅值参数。

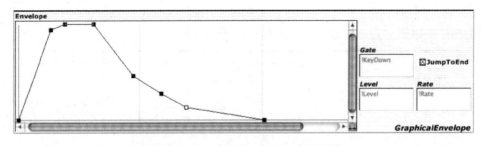

图表50　GraphicalEnvelope 参数区域

5. 要求输入数值的参数区域

有些参数区域要求输入一个或多个数值,或者是包含动态变化的数据流。这些参数矩形框内包含的第五类参数区域具有创造强大音乐表现力的潜能。在图表51所示的例子中,我们看到很多数字以不同的形式输入到参数区域中。

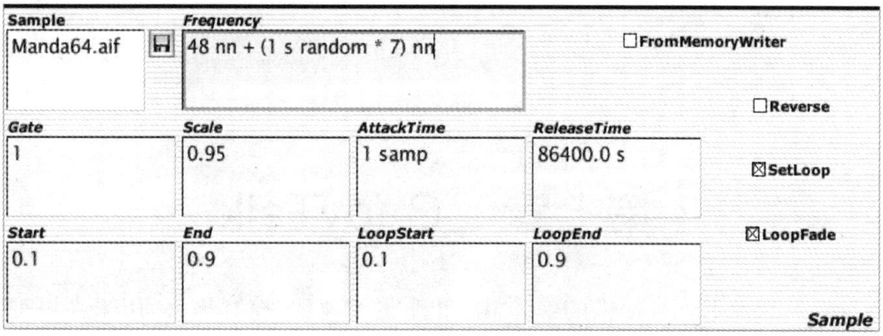

图表51　含有数值的参数区域

第三节　声音模块编辑器帮助

在声音模块编辑器中,Kyma提供编程环境下的帮助。如果要得到关于声音物件的信息,则点击位于声音模块编辑器右下角的声音物件类别名称(图表52)。

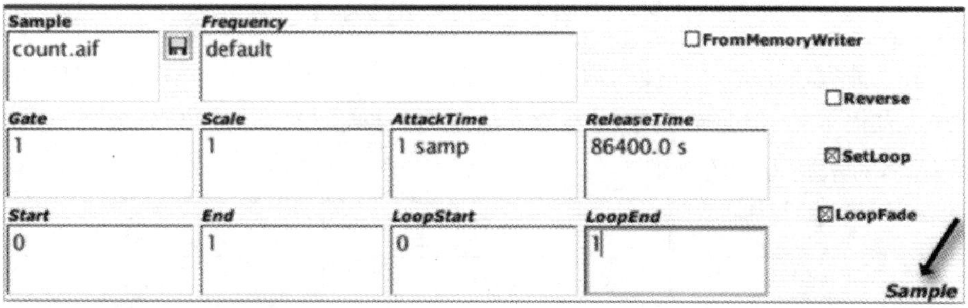

图表52　要得到关于Kyma声音物件的信息,则点击声音物件类别名称

如果要获得指定参数区域信息,可以将鼠标放在参数区域名称上方,或者双击参数区域名称(图表53)。

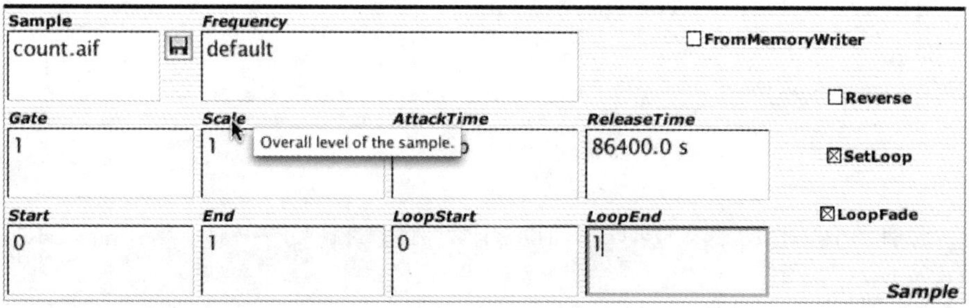

图表53　每一个参数区域都提供浮动帮助条

第七章　CapyTalk

　　CapyTalk 是 Kyma 提供的嵌入式、事件驱动、实时控制语言,用来在可变参数区域输入数字。CapyTalk 是 Kyma 用来实时控制声音参数空间的方法,可以产生单一数字或者无限多数字构成的数据流来控制可变参数区域的任何参数。产生这些数据的方法包括:使用算法、逻辑运算、从数组中获取数据、产生动态变化的数据流、分析和测量声音属性。在总体介绍 CapyTalk 之后,我们来具体谈谈 CapyTalk 是如何提供这些具有潜在美妙特性的数据流。

第一节　单一数字

　　第一种方法也是最直接的数值输入方法,即简单地输入一个数字。数字的表达方式有很多种,但是最典型的表达方法是(1)整数、(2)小数、(3)分数[1]。下面的表格是各种表达方式的例子。

整数	小数	分数
7	8.93	60/3

　　既可以仅输入数字,也可以输入数字后附加单位。我们来看几个附加单位的相关例子。

261.626 Hz[2]

用 hertz (cycles per second)表示频率

60 nn

用 MIDI 音符数字表示频率

---

[1]数字也可以用科学计数法表示,或者以不同的进制计数(例如二进制或十六进制)。更多细节请参见 *Kyma X Revealed* 手册第217页。

[2]在 Kyma 中频率可以用很多方式来表示,包括以 Hz(110 Hz)、以 MIDI 音符数字(60 nn)、键盘音高编号(4 c),以及音符唱名(4 re)来表示。更完整的列表请参见 *Kyma X Revealed* 手册第369页。

3.65 s

用秒表示时长

1200 samp

用采样点数量表示时长

27 ms

用毫秒表示时长

常用的频率单位包括 Hz（赫兹）和 nn（MIDI 音符数字）；常见时长单位包括 samp（采样）、ms（毫秒）、s（秒）、min（分钟）、h（小时）。

当可变参数区域输入单个数字时，如数字"1"，其意思与参数具体使用场景有关。比如，将 0.5 输入 *Amplitude*（振幅）参数区域，那么 0.5 代表的就是最大振幅的一半（或者是单位增益的一半）。如果将 0.1 输入 *StartLoop*（循环起点）的参数区域，那么 0.1 代表的是整个采样时长的十分之一。通常没有单位的数值，其取值范围是 0~1 或者−1~1。

需要记住一条重要原则，小于 1 的小数，前面要写入"0"。我的意思是，在 Kyma 系统中我们要使用"0.5"而不是".5"。

如果声音模块在运行时数值不需要变化，那么将数值输入参数区域是最好的方法。

第二节　带有事件值的数字

CapyTalk 允许参数区域接收外部产生的数据源，通过事件值（Event Values）参数区域接收产生的数字。

Event Values 所显示的是字母为首，并由不同字母、数字或者下划线组成的符号串，以惊叹号（!）开始。

事件数值的例子如：

!KeyDown

接收到 MIDI 音符打开信息时输入数字（1）

!KeyPitch

输入与接收到的 MIDI 音高值信息加上某个音高的弯音值等值的数字

!KeyVelocity

输入与接收到的 MIDI 力度信息等值的数字

!KeyNumber

输入与接收到的MIDI音高值信息等值的数字

请注意，每个事件值都是红色字体（Kyma自动将颜色变成红色），并且以"驼峰式大小写"格式出现。

PARENTHESIS：看来此刻是讨论Kyma系统处理MIDI连续控制器（continuous controller）数据和一般MIDI数据的最佳时机。

MIDI连续控制器的数据范围是0~127，包含128个数字。传统的MIDI软件通常通过虚拟控制条和旋钮控制器，如立体声声相调整从左到右为 −64（最左边）~+63（最右边），同样也包含128个数字。

> 在Kyma系统中，很多参数区域的取值范围是0~1。为了使MIDI的值域（0~127）能够落入Kyma的基本取值范围（0~1），Kyma自动将MIDI取值范围0~127转换为0~1。因此，Kyma系统中所有连续控制器数值的取值范围都为0~1。
>
> 应当指出的是，Kyma系统识别各种MIDI信息，包括音符开和关（note-on，note-off）、触后（aftertouch）、弯音（pitch bend）、程式变更（program change）和连续控制器（continuous controller）信息。连续控制器常见写法如：对于连续控制器4号和7号，分别写作!cc04和!cc07。（对于0~9号连续控制器，开头的0不可省略。）

第三节　关于事件值的更多数字

CapyTalk允许向可变参数区域输入事件值，以生成虚拟控制器（控制条、旋钮和按钮）。这些虚拟控制器随后将数值发送到与之相关的参数区域。举几个例子：

!Frequency

输入的数值与控制条数值相等

!LogFreq

输入的数值与控制条数值相等

事件值!Frequency 和!LogFreq 通常由Kyma内部产生，而!KeyDown或者!KeyVelocity则常常是Kyma系统以外的设备产生。

要生成一个虚拟控制条，通常需要以下几步：

在变化参数区域中输入一个惊叹号。

一旦在参数区域输入"！"以后，Kyma自动在惊叹号之后以参数区域的名称命名此事件值。例如，将"！"输入 *Frequency*（频率）参数区域，Kyma立即自动地将单词"Frequency"写在"！"之后，生成事件值：

!Frequency

现在，当运行声音模块的时候，虚拟推子中将出现一个"Frequency"的数值为 *Frequency*（频率）参数区域提供数值。

使用CapyTalk时注意尽可能地表达清晰，我建议在!Frequency的后面加上"Hz"表示频率推子的数值以赫兹为单位：

!Frequency Hz

Kyma会对"Frequency"参数区域自动设置一个合理的范围，并提供一个取值范围为0~10000的推子。根据不同的事件值名称，Kyma将尽量对其应有的控制范围给出比较有根据的猜测。

虚拟控制器的命名几乎是没有限制的。事实上，基本上任何单词或者词组都可以出现在惊叹号后作为命名方式。但是，这里有几点需要注意的规则。

合法的事件值名称（出现在"！"之后）必须以字母开头，并且只能包括数字、字母以及下划线。空格和其他字符是不允许出现的。下面举几个合法事件值名称的例子：

!Riki_is_cool

!DancingNumbers

!Tacos

非法事件值名称例子：

!47seconds（以数字开头）

!Loud and Soft（包含空格）

!timbre*（包含星号）

如果将事件值!Chicken输入 *Amplitude* 参数区域内，那么名为"Chicken"的虚拟推子就为 *Amplitude* 参数区域提供数值。如果Kyma无法识别如!Chicken这样输入参数区域的事件值，那么Kyma将其值域默认设置为0~1。

因此，这里要介绍一个好方法：任何输入到可变参数区域的数值都可以用事件值/虚拟控制器取代，或者任何一个事件值/虚拟控制部件都可以用数值取代。

需要注意的是，一个表达式与另外一个表达式等价并不代表其音乐效果等同，甚至类似。通常情况下特定的数值表达方式有唯一的音乐效果。

第四节　实时 CapyTalk 表达式数字

第四种表达数值的方式是使用 CapyTalk 表达式。为了更清晰地介绍 Ca-pyTalk 表达式,我将表达式划分为两个部分:带有算数表达式的、不带有算数表达式的。

1. 带有算数计算的 CapyTalk 表达式

所有数值,无论其来源,都可以用算数表达式的方式获得,例如:

$$4 + 2$$

但是这个表达式在 CapyTalk 中几乎无任何意义。我可以直接输入6。而同样地,我也可以将!KeyNumber 数值与!cc04 数值相加,表达式如下:

$$!KeyNumber + !cc04$$

既然这两个数值都随时间可变(!KeyNumber 值域为 0~127,!cc04 值域为 0~1),此处的 CapyTalk 表达式可以用来指定宽泛和细微的数值变化。

除了加法,CapyTalk 也支持减法、乘法和除法,以及相关的"修饰类"操作运算,如取绝对值、四舍五入以及取整等操作的混合运算。常用算式介绍如下[①]:

符号	运算	举例	结果
+	加法	4 + 2 1.7 + 7.21	6 8.91
−	减法	7 − 5 1.0 − 1.3	2 −0.3
*	乘法	2 * 1.5 87 * 0.1	3.0 8.7
/	除法	60 / 3 1.4 / 8	20 0.175
abs	绝对值运算	−0.92 abs 2.1 abs	0.92 2.1
negated	负值取反变为正值, 正值取反变为负值	−3 negated 7.1 negated	3 −7.1
inverse	倒数	5 inverse 0.5 inverse	1/5 or 0.2d 2.0d
rounded	四舍五入	4.46 rounded 1.72 rounded	4 2

[①]更完整的 CapayTalk 算法运算表,请见 *Kyma X Revealed* 手册第369页开始 CapyTalk 快速参考。

续表

符号	运算	举例	结果
truncated	取整	4.78 truncated 4.127 truncated	4 4
roundTo	取某一个数最近的整数倍	3.2 roundTo: 0.5 1.43 roundTo: 0.1	3.0 1.4

几个包含数学表达式的例子如下：

表达式	结果
!Frequency * 0.5	频率降低一个八度
!cc05 * 200	将!cc05的值域从0~1等比放大到0~200
!PenX * 2 − 1	将!PenX的值域从 0~1 重置并等比放大到−1~1
!KeyTimbre * 3	将!KeyTimbre的值域从0~1等比放大到0~3

所有可能的表达式中有两点需要强调：一个是技术方面的，一个是艺术方面的。

技术方面，我要强调控制表达式运算顺序的重要性，也就是说需要使用括号。例如下面的表达式：

$$10 − 4.5 * 2$$

其运算顺序是自左至右，首先做减法，然后做乘法，得到的结果是11。

如果这是你希望得到的结果那当然好，但是有可能你希望得到的是10减去4.5*2的乘积，其表达式就要写成：

$$10 − (4.5 * 2)$$

得到的结果是1。

如果要得到运算优先权，就必须加括号。上述例子当中，执行顺序为"先做乘法，再用10减去乘法的运算结果"。

从艺术的角度来说，尽管在参数区域中一条表达式也许可以被另一条表达式取代，但生成的音乐效果却可能大相径庭。你必须要对它们的差别足够敏感，因为它精确地表现了这些表达式是如何通过参数区域深刻地塑造音乐。从审美的角度出发理解算法是非常重要的。

2. 不包括算数 CapyTalk 表达式的算式

非算数表达式的CapyTalk表达式连续地或在特定时段内产生确定的或不确定的数值。这些表达式非常有用，可用于很多可变参数区域中塑造音乐。我们来看看其中的一些表达式：

表达式：

1 ramp

产生一系列数值，用1秒时间产生从0~1之间的数值平滑变化。一旦达到数值1，将持续保持在该值，直到此声音模块停止运行。图表54所示为该表达式运算所得数值结果随时间展开的过程描述。

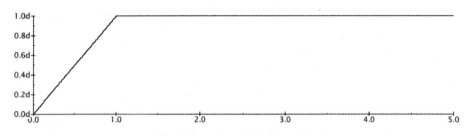

图表54 ramp用1秒时间从0变化到1

表达式"1 ramp"中的1表示"开始按钮"开启1秒的变化过程。

此表达式的变形如：

1 ramp: 7 s

这个变形表达式在原型表达式的基础上添加了时间单位，表示从数值0变化到目标数值1耗时7秒（图表55）。

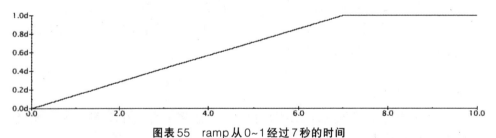

图表55 ramp从0~1经过7秒的时间

当然，冒号后面的时间单位是可以任意选择的。下面举几个例子：

1 ramp: 2000 samp

1 ramp: 349 ms

1 ramp: 900 s

1 ramp: !Duration s

在最后一个例子中，虚拟推子!Duration取代了一个确定的值，所以虚拟推子设定的数值就是数值从0~1需要的秒数。

表达式其他变形的例子如下图所示：

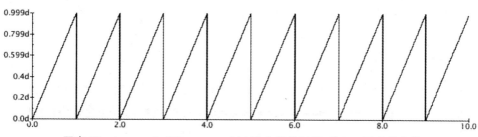

图表 56　1 repeatingRamp ——以 1 秒为单位时间，从 0~1 重复地变化

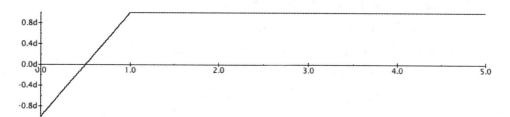

图表 57　1 fullRamp ——以 1 秒为单位时间，从 -1 变化到 1

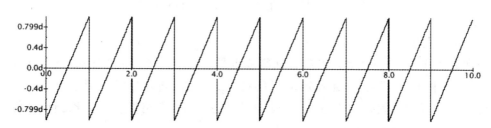

图表 58　1 repeatingFullRamp ——以 1 秒为单位时间长度，从 -1~1 重复地变化

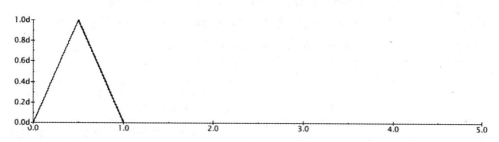

图表 59　1 triangle ——以 1 秒为单位时间，从 0 变化到 1，再变化回 0

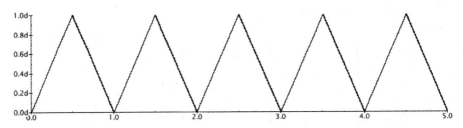

图表 60　1 repeatingTriangle ——以 1 秒为单位时间长度，重复地从 0 变化到 1 再回到 0

以上表达式的单位时间长度不一定要设定为 1 秒钟：

1 repeatingRamp: 3 min（用 3 分钟时间完成此表达式指令）

1 fullRamp: 7 days（用 7 天时间完成此表达式指令）

1 repeatingFullRamp: 0.45 s（用 0.45 秒时间完成此表达式指令）

1 triangle: 250 ms（用 250 毫秒时间完成此表达式指令）

1 repeatingTriangle: !Duration h（用指定小时的时间完成此表达式指令）

第五节　触发（Trigger）

上述表达式中，"1" 可以使用 "触发表达式" 或者触发事件值替换。触发可以用任何表达式、事件值或者声音物件从零或者是负数变化成为正数数值，从而达到 "使某个事件运行" 或 "开启某个事件" 的目的。其发送内容为 "开始运行此指令"。所以，一个表达式可以成为另外一个表达式的触发。在介绍复杂的变化之前，我们先来介绍基本的触发机制。

触发事件值!KeyDown、!Trigger 和 1 bpm: 240 可以替代开始的 "1"。!KeyDown 和!Trigger 是即时触发，而表达式 "1 bpm: 240" 所产生的触发动作频率为每分钟 240 次[1]。我们现在来看看在实际表达式中这些触发是如何工作的：

原始表达式	变形为	意义
1 ramp: 3 s	!KeyDown ramp: 3 s	!KeyDown 每当收到 MIDI 按键信息开始执行一个 3 秒的爬坡指令
1 fullRamp: 0.1 s	（1 bpm: 240）fullRamp: 0.1 s	（1 bpm: 240）以每分钟 240 次的速率触发全爬坡指令，每个全爬坡指令时长 0.1 秒
1 triangle: 5 s	!Trigger triangle: 5 s	每当收到!Trigger 指令，则开始执行一个 5 秒的三角波指令

---

[1]如果你更喜欢以秒钟的思维来替代表达式中节拍的思维，可以使用 0.25 s 作为时长。

第六节 不定表达式
（Indeterminate Expressions）

到目前为止讨论的表达式,输出值都是0~1或者-1~1。有些 CapyTalk 表达式并不会以线性方法输出。接下来我们来讨论这些表达式。

表达式:

0.1 s random

产生-1~1的随机数字,在指定的时间长度(此例中为0.1秒时间长度)内均匀分布。图表61所示为该表达式的一种可能输出结果,但是每次输出的结果通常是不同的。

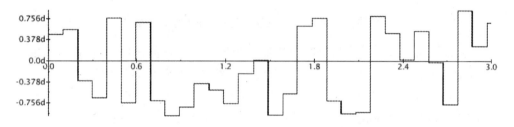

图表61 0.1 s random 表达式产生的一种可能的结果

表达式:

0.1 s normal

按照指定的时间长度产生-1和1之间的一系列随机数值,产生的数值遵从正态分布[1]（图表62）。

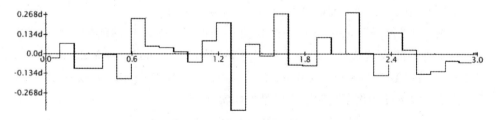

图表62 0.1 s normal 表达式产生的一种可能的结果

---

[1]正态分布类似一个对称的钟形。这种分布通常被称作"钟型曲线",曲线内越接近0随机数值分布越多,越远离0随机数值分布越少。

表达式：

$$0.1 \ s \ randExp$$

按照指定的时间长度产生1~24之间一系列随机数字，遵从指数分布。randExp产生小数值的概率要远远大于产生大数值的概率。图表63所示没有大于5的数值。

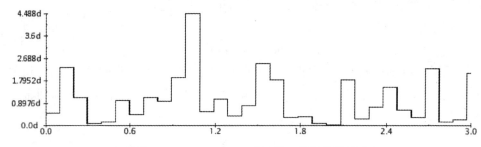

图表63　0.1 s randExp产生的一种可能的结果

这3个表达式都是在指定时间长度中产生的随机数值，但是也存在基于事件值的随机表达式，触发事件值产生随机数字。我们现在看几个表达式。

这类随机表达式通常以触发事件值开始，紧接着是"nextRandom""nextNormal"或者是"nextRandExp"。接下来的几个例子显示了这些表达式是如何实现的。

!KeyDown nextRandom

!KeyDown nextNormal

!KeyDown nextRandExp

!Trigger nextRandom

!Trigger nextNormal

!Trigger nextRandExp

每个表达式一收到触发信息就会产生一个随机数字。

提供一个"种子"（seed）——一个数值——可将一个理想的随机序列进行重复。提供种子的表达式可以以一个触发开始，随后的表达式可以是nextRandomWithSeed:后接数字、nextNormalWithSeed:后接数字或者nextRandExpWithSeed:后接数字。以下几个例子说明了它们是如何实现的。

!KeyDown nextRandomWithSeed: 0.4

!KeyDown nextNormalWithSeed: −0.2893

!KeyDown nextRandExpWithSeed: 0.09

!Trigger nextRandomWithSeed: 0.4

!Trigger nextNormalWithSeed: −0.2893

!Trigger nextRandExpWithSeed: 0.09

每个表达式一收到触发信息就会产生一个随机数字。

如果种子数值改变了,其随机数字序列结果也将改变。此类表达式中可用作种子的数值范围是−1~1。

!KeyDown 和!Trigger事件值触发的以上随机表达式,当然可以变化为1 bpm: xxx或者任何其他的触发机制。

但是,这里有一个很明显的问题。"我如何将一个值域为0~1或者−1~1的数值作用于对值域要求完全不同的参数区域中,如 *Frequency*(*频率*)"我将在本书关于缩放和偏移的章节(228~229页)更详细地论述这个问题。现在我先做简要回答:用算数的方法。如果想要将0~1的范围扩展到0~1000,我们就对此表达式或者事件值做如下的乘法:

1 ramp * 1000

进行这个乘法运算之后,新的数值范围中最大值变为1000而最小值还是0(0* 1000=0)。如果要得到更小的数值范围,就将表达式乘以一个小于1的数。如果希望最小值为100而不是0,就要在表达式末尾加入"+ 100",如下所示:

(1 ramp * 1000)+ 100

其值域结果变为100~1100。

这些运算使CapyTalk 表达式可以跨越任何数值范围,从而设计您的"音乐之旅"。

第七节　表达式库(Expression Library)

声音模块浏览窗,除了提供Kyma声音模块库还提供了表达式库。其中有上百种有用的表达式,可以被直接拖入声音物件的参数区域中。表达式库中有很好的范例演示了CapyTalk 的具体应用方法。

将表达式从表达式库中拖入到参数区域的具体方法为:打开声音模块浏览窗中的表达式库,找到所需的表达式[1],然后将表达式从声音模块浏览窗中拖入要修改的参数区域中(图表64)。

---

①表达式库包含在Kyma文件夹下的目录中,双击任何一项内容将打开文件方便浏览。

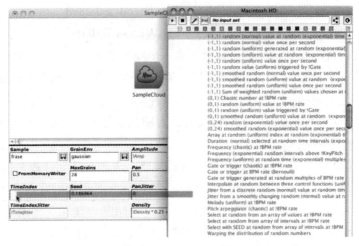

图表 64　将表达式从表达式库中拖入参数区域

第八节　声音模块和声音物件中的数字

　　因为 Kyma 声音模块的输出值在 −1~1 之间，这些数值可以复制并粘贴到可变参数区域中，作为有效的参数控制源。粘贴声音模块到参数区域后，参数随粘贴的声音模块输出数值的改变而改变。我们以一个例子来看看这个过程是如何实现的。

　　图表 65 中有一个名为函数发生器（FunctionGenerator）的声音物件。函数发生器物件（FunctinoGenerator）输出的时变数据流，根据一个指定波形在一定时间内输出数值。

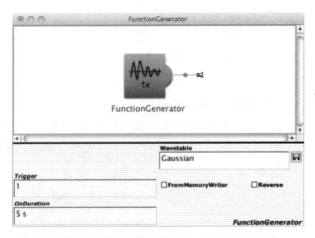

图表 65　函数发生器物件（FunctionGenerator）

图表65中所示FunctionGenerator,根据参数区域中的设定,用5秒钟的时间输出一个高斯波形。因为高斯波形从0开始变化到1,之后又返回到0,其输出波形如图表66所示。

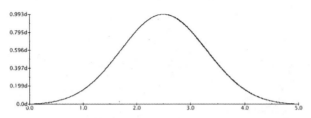

图表66 函数发生器物件(FunctionGenerator)在5秒钟内产生的数值

如果将FunctionGenerator复制并粘贴到振荡器物件(Oscillator)声音物件的 *Frequency* 参数区域中,其结果将如图表67所示:

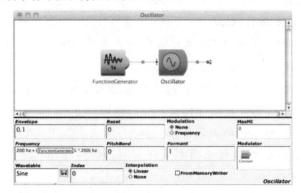

图表67 FunctionGenerator 粘贴入 Oscillator 的 *Frequency*(*频率*)参数区域中

首先,请大家注意图表67,FunctionGenerator的信号发送到Oscillator中——作为控制信号。其次,请大家注意Oscillator的 *Frequency* 参数区域中的黄色长方形。这个黄色长方形代表FunctionGenerator。因为FunctionGenerator输出的数值在0~1之间,此处我将FunctionGenerator输出的数值乘以(*)200,将FunctionGenerator粘贴到 *Frequency*(*频率*)参数区域,在5秒之内使得Oscillator的输出频率从200Hz变化到400Hz,再回到200Hz。

第九节 一个特例

复杂的参数区域数值变化可以采用 CapyTalk "平滑"(smooth)运算。"smooth"运算总是放在CapyTalk表达式的最后,在指定时间内对当前数值和下一

个数值进行线性插值运算。所以,在表达式"10 s random"之后加上"smooth: 5 s":

(10 s random) smooth: 5 s

可以产生如图表68中所示的数据流。

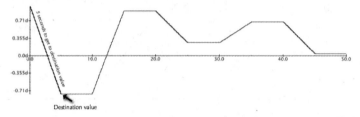

图表68　用5秒的时间从当前数值变化到下一个新的目标数值

每当一个新的数值选中,Kyma将在这两个数值之间进行插值处理。平滑(Smooth)运算让我们获得两个数字之间的数值,构建不同参数空间之间的过渡。我通常觉得一首音乐最有意思的往往不是开头和结尾,而是这两者之间的部分。

*Kyma X Revealed*手册从第255页开始用一个章节来介绍CapyTalk,从第369页开始提供了完整的CapyTalk表达式列表。

此处我想讨论两个相关问题,它们涉及通过改变参数区域来改变信号流。首先,以上提到的将声音物件复制和粘贴到参数区域的方法,同样适用于将多个声音物件粘贴到混合器(Mixer)声音物件中。例如,如果我选用模型工具条中的Mixer开始工作,就将看到初始信号流图为采样云声音物件(SampleCloud)作为输入与Mixer相连(图表69)。

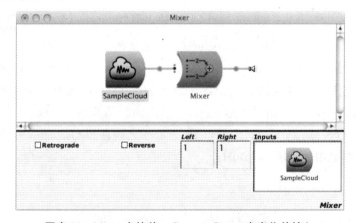

图表69　Mixer中的单一SampleCloud声音物件输入

选择并复制信号流图中的SampleCloud,粘贴到*Inputs*参数区域中,同样的方法可以粘贴多个SampleCloud到Mixer中(图表70)。

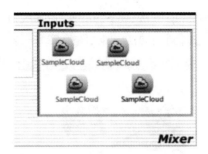

图表70 新添加到MixerInput**参数区域的**3个SampleCloud

现在如果我双击信号流图的空白区域,将显示出新增的3个SampleCloud,如图表71所示:

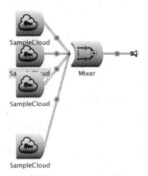

图表71 信号流图中显示的4个SampleCloud

如果信号流图窗口中显示的声音物件相互重叠,顺序混乱,我可以将其缩进(点击黑点),然后点击尾巴使其重新显示。这样,Kyma就会整理好信号流图部分。选择Edit菜单下的Clean up选项也可以达到相同的结果(图表72)。

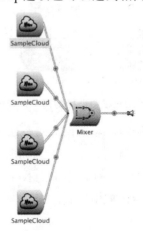

图表72 Kyma**整理好的杂乱的信号流图窗口**

另外一种复制声音物件的方法:将SampleCloud从信号流图窗口直接拖入到Mixer的*Input*参数区域,可得到相同的结果(图表73)。

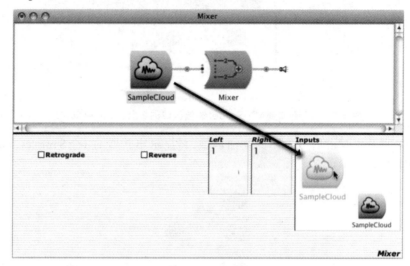

图表73　将声音物件从信号流图拖入到Mixer的*Input*参数区域

第二个要讨论的问题涉及将一个声音物件的信号发送到多个目的地。例如,我想将一个声音模块发送到不同的修饰器声音物件中。首先,我从模型工具栏中选择了两个不同的滤波器,带通滤波器(BandPassFilter)和滤波器(Filter)(设置为低通),将它们拖入Mixer中(图表74)。

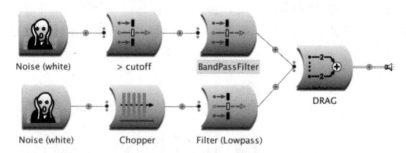

图表74　从模型工具栏中选择的两个声音模块输入Mixer

如果改用一个噪音声音物件(Noise)作为两个修饰器的输入,为了看起来格式更加整齐和简练,可以用以下操作方法:首先双击切割器(Chopper)声音物件显示其参数区域,然后选择信号流中上面分支中的Noise,按下Ctrl键并且将上方的Noise拖入Chopper的*Input*参数区域中(图表75)。

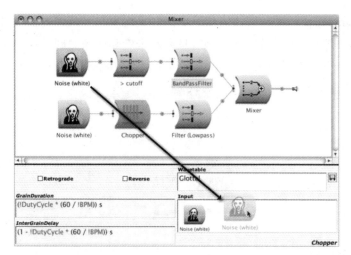

图表75　按下 Ctrl 键并拖动的操作方法将一个声音物件信号发送到两个不同的地方

Kyma 会弹出对话框询问"Are you sure you want to replace Sound X with Sound Y?"（你确定要用Y声音物件取代X声音物件吗？）（图表76）。

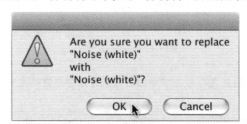

图表76　Noise（white）取代 Noise（white）

点击OK，再双击信号流图的空白区域刷新屏幕并且观察新的信号流图。

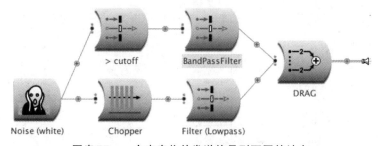

图表77　一个声音物件发送信号到不同的地方

现在，一个Noise就被发送到了两个不同的目标位置（图表77）。

这里，我解释关于CapyTalk和声音模块编辑器的最后一个管理问题。在很多情况下，参数区域的输入框不够大，可能无法同时显示很长或很复杂的CapyTalk

表达式。Kyma提供了几种解决方法。第一种是隐藏信号流图,把尽可能大的空间留给声音模块编辑器的参数区域部分,只需双击参数区域之间的任何位置,就将如图表78所示的声音模块编辑器变形为只显示参数区域的窗口(图表79)。

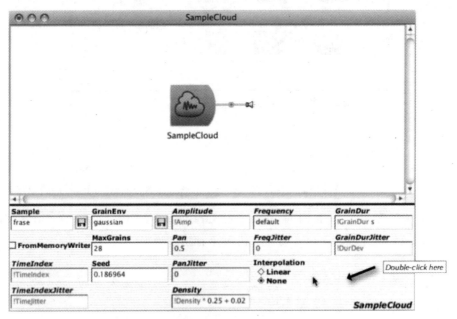

图表78　双击非参数区域部分来隐藏信号流图

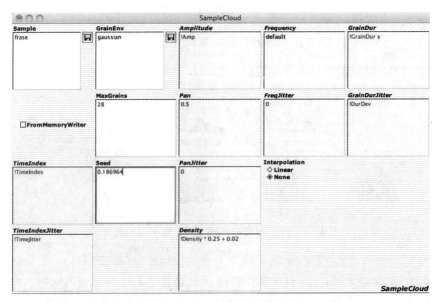

图表79　Kyma仅显示参数区域

如果要返回能同时看到参数区域和信号流图的声音模块编辑器窗口,双击同样的位置即可。

如果只需要多一点的参数区域输入框空间,可以选中信号流图和参数区域之间的黑色边框,通过上下拖动来进行调整。在更加极端的情况下,如需要在一个特定的参数区域内输入复杂的CapyTalk表达式,单个参数区域可以放大到与屏幕同样大小。具体做法为:点击参数区域之后输入⌘L。

下面的章节中,尤其是在 *Fifty Essential Sound Objects*(*50个核心声音物件*)章节(从74页开始),我将选择一些参数区域和声音模块,举例说明这些表达式及其变形的应用方法。因为音乐的发展永不停息,前瞻未来或追溯历史,这些可以随时输入的不同参数空间表达式,正是塑造声音,赋予音乐生命力的绝佳方法。精心选择不同数字范围,创造它们之间的变化过程也正是创造一段让听众感同身受的动听乐章的过程。我们只需要选择数字范围,何时应用怎样的音乐参数,以及应用的时间长度,就可以设计出最美妙的音乐旅程。

* * * * * * * * * * * *

我认为有必要告诉大家昨天午夜发生的事情。我按地图所示位置走到 SOS Disco Club(预期会听到的一些重低音),但是很奇怪,在本以为 SOS Disco Club 所在的小巷里,我只找到一个半导体小收音机,播放着20世纪80年代的流行音乐,旁边还有一罐打开的啤酒。那时巷子里只有我一个人,我也不知道这意味着什么。

第八章 虚拟控制界面——虚拟控制界面编辑器

第一节 虚拟控制界面简介

虚拟控制界面是Kyma为其声音模块的控制参数所提供的一系列推子(控制条)、旋钮、开关。典型的虚拟控制界面通常被简称为VCS,如图表80所示:

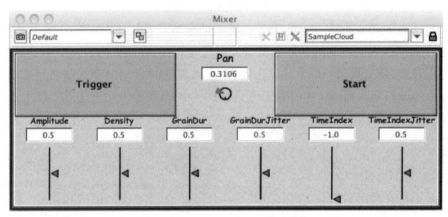

图表80　典型的虚拟控制界面

在虚拟控制界面中的虚拟推子、刻度盘和其他配件都有各自的名字,这是因为在声音模块或声音模块组的参数区域中已经输入了相同名字的事件值。当移动推子(控制条)时,每个推子都提供给相应参数区域对应的数值。我们来看看此过程是如何实现的。

图表81所示为采样云声音物件(SampleCloud)参数区域,以及输入其中的多个事件值。

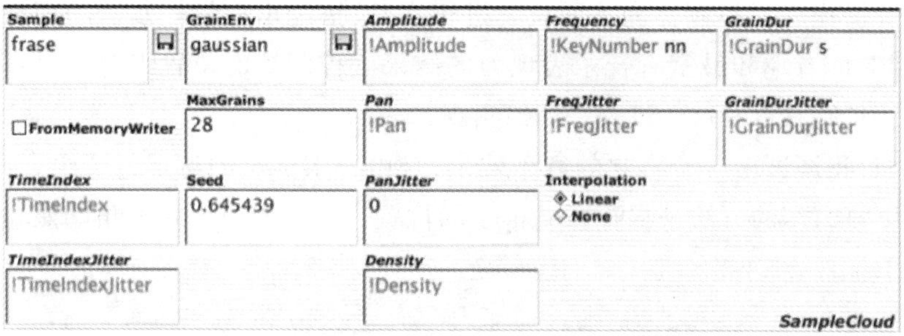

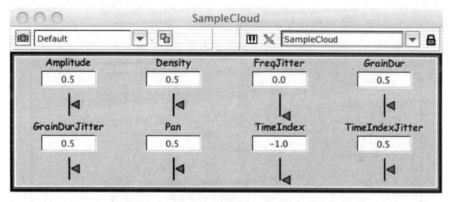

图表81　SampleCloud**中参数区域输入的多个事件值**

当运行此声音模块时,将显示如下虚拟控制界面(图表82)及其参数区域的事件值。在大多数情况下,事件值是以虚拟推子的形式呈现(显示形式可以通过设置进行更改)。

图表82　**正在运行声音模块的虚拟控制界面**

首先,请注意虚拟推子是按首字母顺序排列的。其次,请注意事件值和SampleCloud中虚拟控制界面的虚拟推子几乎是一一对应的关系,都显示了 *Amplitude*, *Density*, *FreqJitter*, *GrainDur*, *GrainDurJitter*, *Pan*, *TimeIndex* 和 *TimeIndexJitter*。然而,同时也请注意事件值"KeyNumber"并没有相应的推子。与MIDI键盘事件相关的事件值(!KeyPitch也是同类信息)并不会显示在虚拟控制界面中。

在这个设置中,"Amplitude"推子将其当前数值发送到写有"!Amplitude"的参数区域;"Density"推子将其当前数值发送到写有"!Density"的参数区域,等等以此类推。相同的事件值可以输入到多个参数区域,实现一个推子控制多个声音参数的功能。

VCS推子的虚拟控制为找到每个相关的参数区域的"合适的数字"提供了方便,因为声音模块在运行的时候,可以实时改变每个虚拟控制器推子的位置。这一方法允许操作者对控制器的不同位置进行实验,搭配出一组控制器的理想位置组合,以制造最有趣和最富有音乐表现力的结果。控制器的位置组合可以存储并再次调用。我们来看看这一过程是如何实现的。

例如,我调试出一个喜欢的音乐效果,是由一组推子的特定位置组合产生的,我可以用"预置"的方法来保存所有推子的位置——点击位于左上角的照相机图标(图表83)。

图表83　与VCS预置相关的控制

Kyma随后出现一个对话框询问此"预置"的名称,但是首先(默认)会弹出一个随机生成的、由两个单词组成的名字(图表84)。

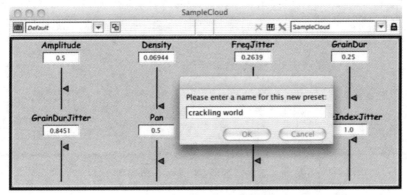

图表84　在VCS生成预置

我们可以使用这个随机产生的名字,或自己命名(然后点击OK)。一旦存储,新建的预置名称就会立即显示在照相机图标右边的菜单中(图表85)。

图表85　VCS的预置菜单

可创建和存储的预置数目是没有限制的,所以如果这个VCS有10个预置,那么照相机图标右边就会显示类似图表86所示的菜单。

图表86 含有10个预置的VCS菜单

如果要调用任何预置,则点击预置菜单右边一个向下指向的三角形图标(图表87),也可使用通过上/下箭头按键逐个切换VCS预置[①]。

图表87 调用预置菜单

如果想要生成随机的推子位置,则点击位于菜单右边的筛子按钮(图表88)。

图表88 VCS中生成随机虚拟控制数据的筛子图标

按下电脑键盘的"r"键也可实现同样的操作。

VCS预置的存储与声音模块的存储是同时完成的。

如果要让特定的推子不受掷筛子操作的影响,就将鼠标放置到推子名字上,光标会变成锁的图标。点击推子名称,就可将这个推子从Kyma随机数据实验操作中排除。推子名字的颜色也将"变灰"。

VCS所提供的这种操作方式就是Kyma的一个重要特性,方便我们探索和发掘美妙、有趣的声音时刻,存储这些"美妙时刻",并在不同音乐和技术环境中调用它们。

VCS的推子(以及其他所有的虚拟部件)与外接控制器关联可以通过以下操作实现:按住Option并点击相应推子。如果要接入一个外部控制器,则按住Option并点击相应推子,此操作将弹出一个菜单列表,所有可用的数据来源控制器都显示其中。如图表89所示,"Density"推子通过设置后受控于MIDI二号连续控制器(cc02)。

[①]预置也可以通过MIDI程序变化信息来调用。关于该控制功能的更多信息请参见*Kyma X Revealed*手册第33页。

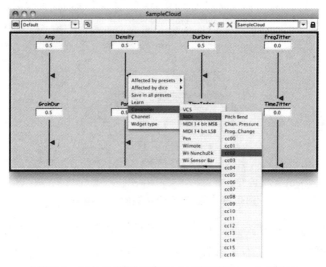

图表89　二号连续控制器(cc02)控制"Density"推子

设定 MIDI 连续控制器来控制"Density"推子只是多种连接方法中的一种。图表 90 所示菜单显示了其他选项,包括 Wacom 数字画笔和画板,还有任天堂游戏柄控制器。

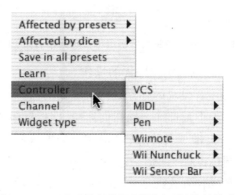

图表90　VCS可以控制推子(其他部件)的其他选项

实现外接控制的另一种方法是输入事件值——将!PenX 或者!Wii1Roll 等参数直接输入到参数区域。事件值输入参数区域(例如!PenX),就可以对其进行算数运算,这是此操作的主要原因。

在 VCS 上方靠近右边的位置有3个图标,分别是麦克风、键盘和画笔(图表91)。

图表91　VCS上的麦克风、键盘和画笔

当一个声音模块包含了实时音频输入、MIDI键盘控制,或者Wacom画板控制时,这些图标就会相应显示。否则,它们就会变灰并被划掉(图表92)。

图表92　VCS界面麦克风、键盘和画笔被划掉并变灰

第二节　管理虚拟控制器

Kyma提供了多种方式来进行虚拟控制器的重新排列和大小调整。这里的虚拟控制界面运行模式有两种:锁定状态和解锁状态。

当虚拟控制界面为锁定状态时,它控制着正在运行的声音模块的参数;当虚拟控制界面为解锁状态时,可以对虚拟控制器进行重新排列,调整尺寸和以其他多种方式改变。

如果要在两种不同的模式之间变换,只需点击VCS右上角的"锁"图标(图表93)。

图表93　虚拟控制界面右上角的锁图标

一旦VCS被解锁,其中的所有虚拟控制器都可以用鼠标手动改变位置,调整大小。如果要改变虚拟控制器的位置,则用鼠标点击虚拟控制器区域的中间某处,将其拖动到理想的位置即可(图表94)。

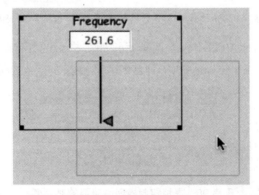

图表94　通过抓取虚拟控制器中间某处拖动,为其重新定位

如果要改变虚拟控制器的尺寸,只需用鼠标点击并移动其上下或者右边框任意一边到需要的尺寸后松开鼠标即可(图表95)。

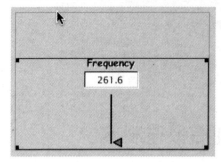

图表95　点击并移动上边或右边框处以改变推子的尺寸

一旦 VCS 被解锁,虚拟控制界面编辑器(Virtual Control Surface Editor)窗口就出现了,更加方便了用户修改控制器的位置和尺寸(图表96)。

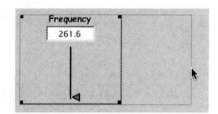

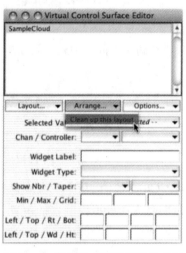

图表96　清理布局的功能　　　　　图表97　虚拟控制器编辑器的界面

例如,图表82所示 VCS 中包含两排每排四个推子的界面。点击 Arrange 下拉菜单,选择 Clean up this layout 选项(图表97),然后指定生成8列推子(图表98)。

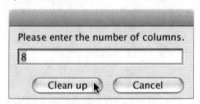

图表98　虚拟控制界面编辑器的对话框

两排每排4个的控制器界面(图表82)现在变成了8列控制器,如图表99所示。

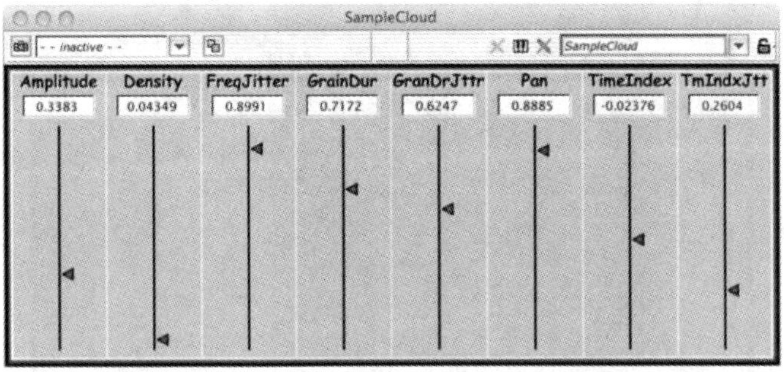

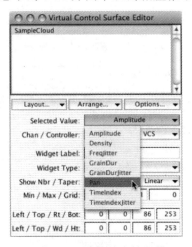

图表99　用"Arrange"操作修改了VCS的推子排列

在虚拟控制界面编辑器中,可以将一个虚拟推子变换成一个虚拟旋钮或其他虚拟部件(在 Widget Type 下面找),改变虚拟控制器的最大值和最小值,指定虚拟控制数值的量化值(在 Min / Max / Grid 处调节),指定虚拟控制器的MIDI通道(Chan / Controller),以及指定标记的颜色和尺寸(在 VCS编辑器 Options...菜单下面)。

要执行以上任意一条指令,则从Selected Value 菜单中选择要改变的虚拟控制器的名称,或者在解锁状态下的VCS界面中双击相应推子(图表100)。

图表100　选择特定控制器

然后,根据需要做出改变。对VCS布局的任何改变都将与声音模块一并保存。

在虚拟控制界面编辑器中,任意两个推子(或者说控制器)都可以合二为一成为一个二维推子(有X和Y坐标轴),从而取代两个单独推子的功能。如果要进行推子组合,首先在解锁的VCS界面选中两个推子(图表101),

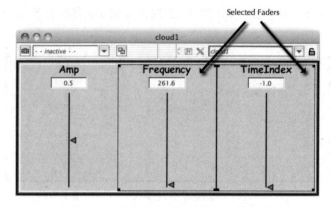

图表101　选择推子以组成新的二维推子

然后选择 Widget Type 菜单下的 Make aggregate 选项，如图表102所示。

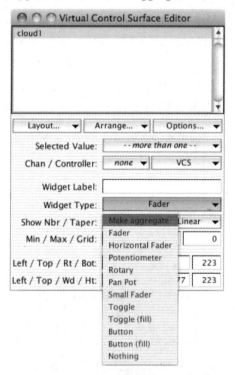

图表102　从 Widget Type 菜单中选择 Make aggregate

两个单独的推子就转换为一个二维的推子，有水平和竖直两个方向的控制（图表103）。

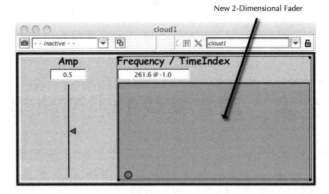

图表 103　新生成的二维控制器

红色圆点代表的是当前 X / Y 坐标位置。在生成这个新的二维控制器时,频率参数推子在最左边(两个推子相比较),所以它成了水平轴(X)方向的推子。

如果要将二维控制的推子分离,则在解锁的 VCS 界面选中二维控制器,然后选择 Widget Type 菜单中的 Split aggregate 项:

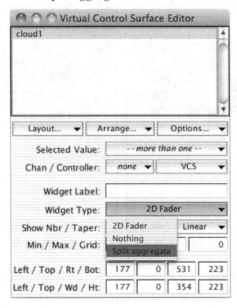

图表 104　将二维控制器拆分成为单独的控制推子

第九章　声音模块的观测和实现

　　声音模块的输出可以通过示波器和频谱分析仪来显示，或者以单声道、立体声或者多声道单轨声音文件的方式将波形记录到磁盘。我们下面来逐一介绍。

　　如果要观测示波器或者波谱分析仪显示的输出，则选择声音模块，然后选择Info菜单下的Oscilloscope或者SpectrumAnalyzer选项。声音模块就会立即开始运行，其VCS将打开，Kyma的示波器或者波谱分析仪也随之出现（图表105）。

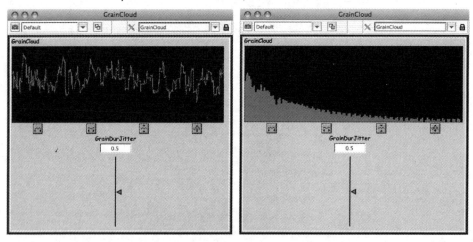

图表105　分别为示波器和频谱分析仪显示

　　另一种方法，Kyma在模型工具条中提供了示波器声音模块（OscilloscopeDisplay）以及波谱分析仪声音模块（SpectrumAnalyzer），可直接点击并将其拖动到声音模块的信号流图最右端达到相同的目的。这样操作的优势在于，信号流图中OscilloscopeDisplay与SpectrumAnalyzer的预置和布局可以随声音模块一同保存（图表106）。

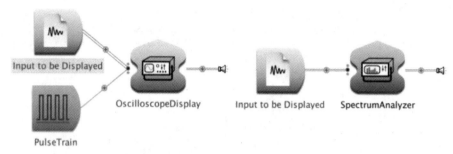

图表106　模型工具条中的OscilloscopeDisplay和SpectrumAnalyzer

如果实时可视化显示结果不是必需的,那么Full Waveform功能通过捕捉指定时长的声音模块输出并以图形的方式呈现,也可以得到令人满意的结果。使用Full Waveform功能时,首先选择需要捕捉波形的声音模块,然后选择Info菜单下的Full Waveform选项,随即出现一个对话框要求输入捕捉时间长度(图表107)。在对话框中输入一个时长数值(例如5 s),然后点击OK。

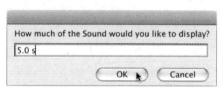

图表107　Full Waveform窗口

声音模块开始运行,经过特定时长后,Kyma显示其波形。Full Waveform功能适用于任何声音模块,甚至是次声波控制信号。如果要用Full Waveform显示一个CapyTalk表达式的数值,则在表达式中输入一个常量声音物件(Constant),然后用如前所述的方法即可。在前面章节中,以图示方法介绍的所有CapyTalk表达式,实际上都是用此方法来生成的。

因为Kyma对其声音模块的复杂性没有本质限制,所以很可能因设计的算法过于复杂,导致Pacarana无法实时运算。如果这种情况发生,DSP状态窗口会提示警告——超过实时运算能力。这种情况下有几个补救措施,包括:降低采样率、减少声音物件(如果可以减少)、使用低运算成本的声音物件、放弃单独物件而使用声音物件自带的振幅和声相控制,或者将声音模块(或者时间轴)转换成一个或多个音频文件①。

如果要录制音频文件到磁盘,则选择Action菜单下的Record to disk,弹出一个窗口要求指定声道数目、文件类型和分辨率(图表108)。

---

①关于如何高效使用硬件加速器的计算能力,参见*Kyma X Revealed*手册341~352页提供的一系列建议。

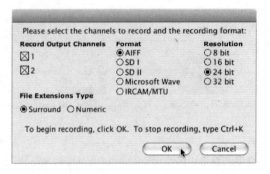

图表 108　指定声道数目、文件格式和分辨率的窗口

　　确定这些属性后点击OK,声音模块就开始运行并且被录制到磁盘。如果要停止录音,则使用DSP菜单中的Stop,或者使用快捷键⌘K。

　　当作品在Kyma中完成后需要转换成为音频文件,再刻录成光盘、存档,或者在其他软件环境中打开,那么将声音模块录制到磁盘是非常有用的方法。

第十章　50个核心声音物件

本章节我总结了50个核心声音物件的一些用法[1]。(这里我所说的"核心"并未得到Symbolic Sound公司授权)这一部分主要向大家介绍一些物件本身显而易见的使用方法,例如声音物件参数区域的数字取值范围,在参数区域怎样输入参数才能有意义地、高效地控制这些声音物件,以及在信息流图中如何连接声音物件。对于其中某些声音物件,我会给予指导性建议。本章节旨在让读者熟悉这50个Kyma的基本构成单元。Kyma是一种语言,声音物件就是"字"或者"短语",大家要记住,在书中我所介绍的只是Kyma众多声音物件连接方法中的一种。任何一本介绍语言的书都不可能向读者讲解每一个"字"的全部用法。因此我在每一个声音物件的旁边都附带了其所属的物件大类(例如"控制器""发生器"等等),也许对大家有所帮助;当然,由于大多数声音物件都能输出声音,并且每一个声音物件都可以用来控制另外一个声音物件,我的分类只是一般的归纳。为了方便读者,根据声音物件之间的关系,或者它们具有的相同功能,我将其进行了分组。例如,调音台类的物件分为一组。我的分类范畴包括发生器、混合与声相、波谱修饰器、非波谱修饰器、控制器、现场演奏以及其他。最后,大家在阅读过程中要记住我所说的不是绝对的,而是依个人浅见对Kyma和电子音乐创作研究的经验总结。下面,我们开始学习。

第一节　发生器(Generator)

1. 采样声音物件 Sample (发生器)

采样声音物件(Sample),通过Pacarana的随机存取存储器(RAM)回放指定的

---

①查看声音物件的完整列表,请选择Kyma帮助(Help)菜单中Prototype Reference选项。

音频文件。Sample的参数区域包括：指定回放音频文件、*Frequency*(*频率*)和*Scale*(*数值范围*)参数区域指定频率和振幅。Sample有多种循环方法。通过勾选*SetLoop*(*设置循环*)和*LoopFade*(*循环淡入淡出*)前面的方框，分别实现循环和交叉渐变音频循环。*LoopStart*(*循环起点*)和*LoopEnd*(*循环终点*)两个参数无论音频文件的大小，都设定了以数值0为起点，1为终点，0.5为音频中点位置的取值范围。*Gate*(*门*)参数取值决定音频文件的触发与否。Kyma自带的模板，以Sample为基础的有"实时循环采样"(SampleWithLiveLoop)、"实时随机循环采样"(SampleWithRandom-Loop)以及"可调节拍采样"(Sample w/adjustable BPM)。这些原型范例向大家展示了Sample的参数范围是如何控制的。图表109所示为基本参数设置和一个使用小技巧。

Sample	Frequency		☐ FromMemoryWriter
count.aif 💾	!Frequency hz		
			☐ Reverse
Gate	Scale	AttackTime	ReleaseTime
!KeyDown	1	1 samp	86400.0 s	☒ SetLoop
Start	End	LoopStart	LoopEnd
0	1	!LoopStart	!LoopStart + 0.1	☒ LoopFade
				Sample

图表109 Sample的参数区域

请大家特别注意以下表达式：

$$!LoopStart + 0.1$$

该表达式出现在*LoopEnd*参数区域内，意味着无论*LoopStart*的数值设置为多少，*LoopEnd*与*LoopStart*的距离都是一定的。这是一个创作节奏循环的简便方法。

2. 磁盘播放器声音物件 DiskPlayer (发生器)

磁盘播放器声音物件(DiskPlayer)，主要作用是回放硬盘中指定音频文件，并且可以指定音频文件的播放起点。当*RateScale*(*速率范围*)数值设置为0.5的时候，音频文件音高比原始音频文件低一个八度，时长变为原来的两倍。*Trigger*(*触发*)参数区域是声音物件的"开始按键"(go button)。输入1时，物件播放指定音频文件一次。DiskPlayer擅长回放时长较长的声音文件。DiskPlayer参数区域的基本设置如图表110。

FileName		RateScale	Trigger
Alien threat	💾	!Rate	1

FilePosition
0 s

DiskPlayer

图表110　DiskPlayer的参数区域

3. 通用音源声音物件 GenericSource（发生器）

通用音源声音物件（GenericSource），可以输出实时接收的外部声源，也可以读取磁盘音频文件，还可以输出载入Pacarana内存中的音频文件。如果音频文件从磁盘中回放，*Frequency*（*频率*）参数区域控制音频回放的频率（默认，MIDI音符编号60和261.626Hz都以原始频率回放音频文件）。此声音物件提供基本的循环设置。GenericSource参数区域右侧，*Source*（*声源*）下方有3个单选按钮，可以方便地切换3种不同音源选项：*Live*（*实时*）、*RAM*（*内存*）、*Disk*（*磁盘*）。通用音源包含现场乐器演奏输入和声乐输入的功能，这对作品创作有很大帮助。因为声乐演员与乐器演奏家在创作过程中不一定总在现场，通过选择"实时"以及"非实时"能解决不同版本的音源输入问题。当演奏家在场的时候，选择实时按钮；当演奏家不在场，选择内存或者磁盘来模拟实时音源输入。使用通用音源避免了在不同场景下换用模块的麻烦。GenericSource的参数区域基本设置如图表111所示。

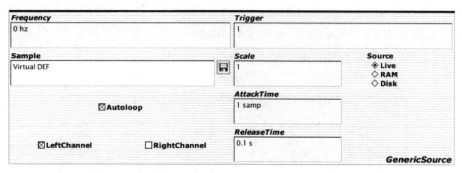

Frequency		Trigger	
0 hz		1	

Sample		Scale	Source
Virtual DEF	💾	1	◈ Live
			◇ RAM
			◇ Disk

AttackTime
1 samp

☒ Autoloop

☒ LeftChannel　　　　□ RightChannel

ReleaseTime
0.1 s

GenericSource

图表111　GenericSource的参数区域

4. 振荡器声音物件 Oscillator（发生器）

振荡器声音物件（Oscillator），输出指定频率和振幅大小的特定波形。*Wavetable*（*波表*）参数区域指定波形、*Frequency*（*频率*）参数区域指定频率、*Envelope*（*包络*）

参数区域指定振幅。振荡器的用途很多,无法在此一一列举,这里只介绍一个主题任务下的两种变形:此主题是"获取大量振荡器"。首先将 Oscillator 的参数区域按图表 112 设置好。

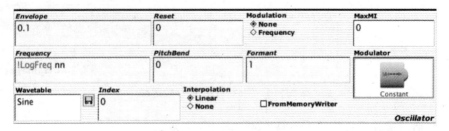

图表 112　Oscillator 的参数区域

然后将复制器声音物件(Replicator)拖到 Oscillator 的右侧,如图表 113。

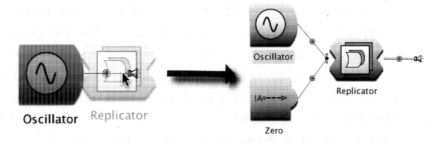

图表 113　将 Replicator 拖到 Oscillator 的右侧,复制出多个 Oscillator

这里暂不对 Replicator 展开讨论(本章第二节将对其进行详细解释),*Replicator* 的多个参数区域中有一个名为 *Number*(数字)。如果在 *Number* 参数区域中输入数字 21,那么将产生 21 个 Oscillator,且每个 Oscillator 有各自的频率控制,即 Oscillator 中的可变参数。虚拟控制界面看起来类似图表 114 所示。

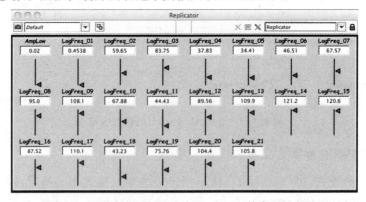

图表 114　可以独立控制 21 个 Oscillator 的虚拟控制界面

这一设置的方便之处在于，只需点击VCS的掷骰子按钮就产生了全新的频谱分量，如果频率 *Frequency* 参数区域的设置加入平滑（smooth）运算处理（图表115），那么每点击骰子两次随机选取频率参数之间的变化将在此时间值内（图表115中为8秒）平滑地产生音色演变。

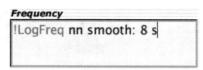

图表115　加入"平滑"（smooth）会产生慢滑奏的音质效果

5. 噪声声音物件Noise（发生器）

噪声声音物件（Noise），产生一系列的随机数字（−1~1之间），产生的这些数字可以以音频信号的采样率还原成为声音信号，也可以控制其他参数。在 *InitialState*（*初始状态*）输入一个−1~1之间的种子值就能复制一个结果。从音乐的角度来讲，Noise可以输出 *White*（*白噪声*）、*Pink*（*粉红噪声*）以及Kyma自己定义的 *HotPink*（*热粉红噪声*）。*HotPink* 输出的前后两个相邻的随机数字通常差别不大，但是当偶尔数字发生大的跳变时，产生的新数字会伴随有更多的、微小的数字抖动。*CenterValue*（*中心数值*）参数区域是随机数字产生的中心轴。仅在选择 *HotPink* 的时候 *Frequency* 参数区域才启用，用来控制最大跳变的产生几率。Noise的参数设置如图表116所示。

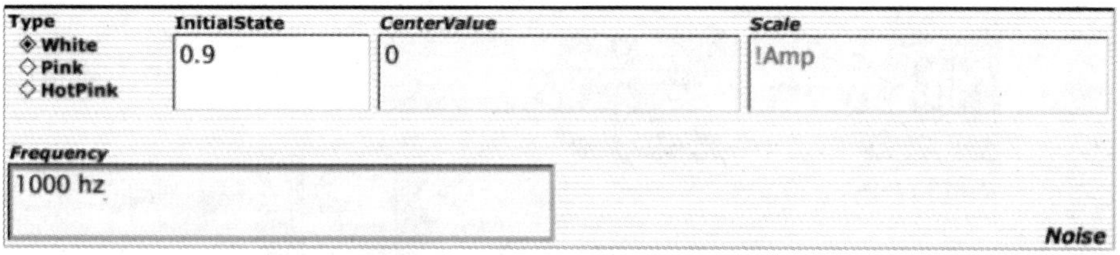

Type	InitialState	CenterValue	Scale
◆ White ◇ Pink ◇ HotPink	0.9	0	!Amp

Frequency	
1000 hz	Noise

图表116　Noise的参数区域设置

修饰噪声的方法有很多，其中最有效的是窄化频谱以及添加一个独特的振幅包络。图表117显示了一种可用Kyma实现的处理方法。首先通过切割器物件（Chopper），为噪声信号加入振幅包络。紧接着，信号分两路送入两个和声共振器物件（HarmonicResonator），音程关系预先设置为五度。之后，信号经过这两个和声共振器物件处理后再通过立体声调音台，一路信号声相设置在左边，一路信号声相设置在右边（图表117）。

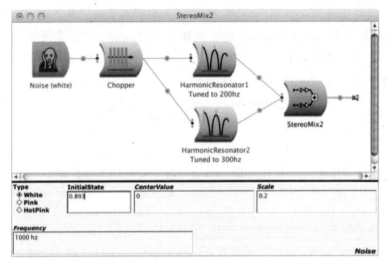

图表117　噪声被"切割"之后经过处理得到清晰的频率分量

6. 脉冲序列器声音物件 PulseTrain (发生器)

脉冲序列器声音物件(PulseTrain),输出波形仅有每个周期第一个采样点是1,其余都为0。如果选中 *Variable Duty Cycle*(*可变占空比*),那么在 *Duty Cycle*(*占空比*)参数区域的值就决定了1或者0在每个周期的比例。PulseTrain 可以用作发生器或者其他声音的触发器。我喜欢 PulseTrain 发出的咔嗒声,因此,生成多个PulseTrain 副本(每一个副本有各自的声相位置,常常能创造出有趣的声音质感)(图表118)。

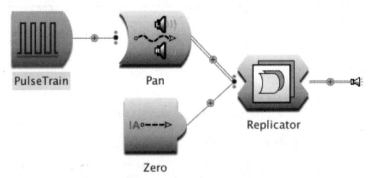

图表118　用 Replicator 复制 PulseTrain 和 Pan

上述声音模块的变形之一就是在 PulseTrain 和声相声音物件(Pan)之间加入一个和声共振器声音物件(HarmonicResonator),这样就生成了音调更加清晰的声音(图表119)。

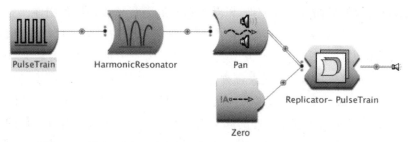

. **图表 119**　用 Replicator 复制 PulseTrain，HarmonicResonator 和 Pan

7.音频输入声音物件 AudioInput（发生器）

音频输入声音物件（AudioInput），从选中的音频界面接收模拟或者数字信号。在典型 Kyma 系统声音模块构造中，AudioInput 通常代表实时声音信号输入。AudioInput 参数区域包含一系列指定输入通道的复选框（图表120）。

☒Channel1	☐Channel5
☐Channel2	☐Channel6
☐Channel3	☐Channel7
☐Channel4	☐Channel8

AudioInput

图表 120　AudioInput 的复选框

在信号传输流中，连接 AudioInput 声音物件的一种基本方式是：信号送到其他处理模块之前，首先在信号通路中插入均衡器和压缩器，如图 121 所示。这种方法能解决发生在信号流早期的一些问题（如低频的隆隆声）（图表121）。

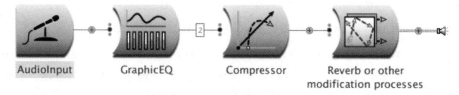

图表 121　在 AudioInput 后插入均衡器和压缩器作为塑造声音信号的第一步

8.采样比特声音物件 SampleBits（发生器）

采样比特声音物件（SampleBits），回放音频文件的一部分，一旦得到触发命令就从指定位置回放指定长度的音频文件。根据 *Quantization*（*量化*）参数区域的指定值，起始位置和播放长度以相应量化精度，被量化到最近的时间点。这些性能使得

SampleBits成为随机回放音频文件,以及重新布局声音片段的出色物件。

声音文件在Sample(采样)参数区域中指定,被划分的份数(整数)在Quantization参数区域确定。Length(长度)参数中填入的数字代表相对于整个音频文件的长度比例,因此需要填入分数。1代表音频文件的整个时长,0.25代表音频文件总时长的四分之一。Start(开始)参数区域决定回放音频文件的位置。Start参数的取值范围是0~1,其中0表示从音频文件的起始点开始回放,0.5表示从音频文件的中间点开始回放等等。模型工具条提供SampleBits的多种变形版本[如"节奏控制采样比特"(SampleBits BPM)和"键盘控制采样比特"(SampleBits KBD)]。SampleBits的参数区域如图表122中所示。

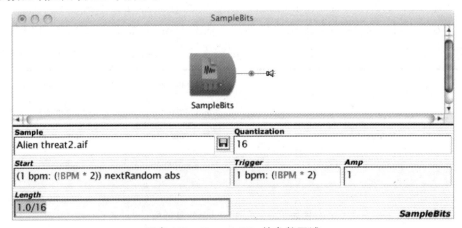

图表122　SampleBits的参数区域

图表中的模型(SampleBits BPM)很巧妙地协调了以下两个参数的关系:何时回放新音频片段[Trigger(触发)参数区域]以及何时选择新的0~1之间的随机数字(Start参数区域)。

9. 双共振峰声音分量声音物件 TwoFormantVoiceElement(发生器)

双共振峰声音分量声音物件(TwoFormantVoiceElement),产生一个确定的、类似声门脉冲的激励信号,随后信号分成两部分,平行地通过带通滤波器,这两个带通滤波器的中心频率和带宽值可以分别设定。激励信号(用于强化声音信号)的频率是可变的。参数区域Formant1(共振峰1)和Formant2(共振峰2)指定Bandwidth1(带宽1)和Bandwidth2(带宽2)中心频率,两者决定共振峰的带宽。参数区域Scale1(数值范围1)和Scale2(数值范围2)提供了共振峰振幅的单个控制。

混合三个TwoFormantVoiceElement就可以合成元音[例如:ah(780,1200和2520Hz)、ee(310,2300和3080Hz)、u(330,1120和2350Hz)、eh(470,2040和

2250Hz）和 oh（420，710和2530Hz）］。图表123介绍了TwoFormantVoiceElement的参数区域和基本信号流图。

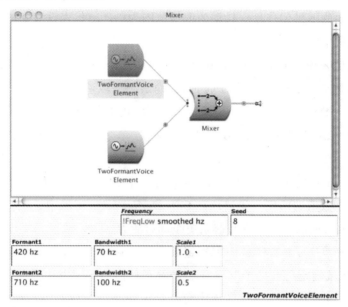

图表123　两个TwoFormantVoiceElement的参数区域和基本信号流图

10. 谷粒云声音物件GrainCloud（发生器）

谷粒云声音物件（GrainCloud），产生一系列短时长的声音颗粒的集合体，这个集合体的频率、振幅和密度，以及谷粒的形状，每一颗谷粒持续的时长，每一颗谷粒中的波形都是可以控制的。GrainCloud的参数区域如图表124所示。

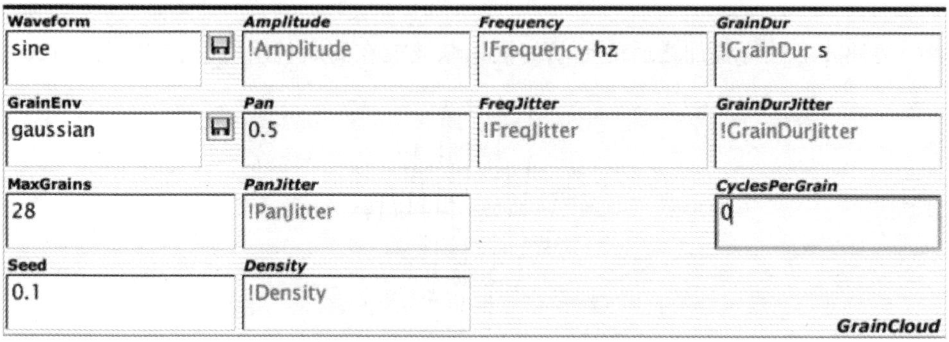

Waveform		Amplitude	Frequency	GrainDur
sine		!Amplitude	!Frequency hz	!GrainDur s
GrainEnv		Pan	FreqJitter	GrainDurJitter
gaussian		0.5	!FreqJitter	!GrainDurJitter
MaxGrains		PanJitter		CyclesPerGrain
28		!PanJitter		0
Seed		Density		
0.1		!Density		GrainCloud

图表124　GrainCloud参数区域

GrainCloud是一个可以制作多样化声音结构的，强大而灵活的声音物件。从概念和结构上来解释，参数区域 $Frequency$（频率）、$GrainDur$（谷粒时长）、Pan（声相）

都有相应的抖动(*jitter*)参数——*Freq Jitter*(*频率抖动*)、*GrainDur Jitter*(*谷粒时长抖动*)和 *Pan Jitter*(*声相抖动*)。抖动在此指的是:*Frequency*,*GrainDur*,*Pan* 参数区域设定值各自产生的随机偏移量。抖动的取值范围为 0~1,0 代表没有随机偏离量,1 代表很大的随机偏离量。

更客观地来说,当 *Freq Jitter* 是 0 的时候,对 *Frequency* 参数区域输入的值不增加任何随机性偏离;当 *Freq Jitter* 是 1 的时候,输出频率取值范围变成 0Hz 到 *Frequency* 参数区域输入数值的两倍。当 *Pan Jitter* 设定为 0 的时候,*Pan* 参数区域输入的值不增加任何随机偏离;当 *Pan Jitter* 设定为 1 的时候,单个谷粒可能出现在立体声空间的任何位置。当 *GrainDur Jitter* 设置为 0 的时候,所有新生成的谷粒时长是一样的;当 *GrainDur Jitter* 设定为 1 的时候,新生成的单个谷粒时长可能从 0 变化到 *GrainDur* 参数区域输入数值的两倍。我建议在 *GrainDur Jitter* 参数区域中设定一个很小的随机值(如 0.001),使产生的声音听起来更生动有活力。

Waveform(*波形*)参数区域用来指定放入每一粒谷粒中的波形,*GrainEnv*(*谷粒包络*)参数区域确定谷粒的形状。我们来看看具体的实现方法。图表 124 中所示 *Waveform* 和 *GrainEnv* 两个参数区域中分别指定的是正弦波作为谷粒中的波形,高斯波形作为谷粒包络波形(图表 125)。

Sine wave　　　　　　　*Gaussian wave*

图表 125　正弦波和高斯波

两种波形进行叠加之后的形状如同正弦波放在高斯包络的谷粒中(图表 126)。

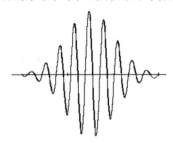

图表 126　正弦波放在高斯包络谷粒中

如果 *Waveform* 参数变换成为方波,那么产生的结果如图表 127 所示。

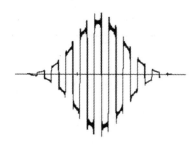

图表127　**方波放在高斯包络谷粒中**

图表128展示了另一个例子,方波被放置在反向指数波形的谷粒中。

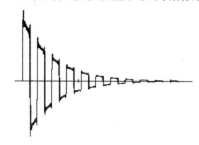

图表128　**方波放在反向指数包络的谷粒中**

每个谷粒的包络和谷粒内波形的变化将对最终声音结果产生很大的影响,所以这些参数非常重要。

Density(密度)参数区域控制着即将产生的谷粒粒子数。大家可以想象不同的雨,毛毛细雨(低密度),或者倾盆大雨(高密度)。密度的取值范围为0~1,但大于0.5的值往往让人耳难以区分。使用GrainCloud的时候,我把自己想象成掌管天气的神,可以控制下雨的程度、雨滴的数量、雨滴的大小、雨滴内装着什么,等等。所以,我鼓励大家去做实验,看看你能制作出怎样的“声音之雨”。

11. 采样云声音物件 SampleCloud(发生器)

采样云声音物件(SampleCloud),输出基于指定声音文件的粒子化声音,提供谷粒包络、谷粒时长、云密度、空间、振幅和频率参数控制。SampleCloud是Kyma系统中最复杂和最具音乐表现力的声音物件之一。

声音文件的粒子化是一种声音处理方式:将音频分解成大量的短小包络颗粒,这些声音颗粒被重构并生成连续性声音的效果。Kyma的声音文件粒子化运算运行方式如下:选择声音文件的一部分并放入粒子中,将声音粒子移调,置于特定的空间位置,混合所有的谷粒,得到一个立体声混录。在此,我首先告诉大家,SampleCloud和GrainCloud这两个声音物件有很多相同的属性和参数控制方法。下面我们来看一看Kyma版本的声音文件粒子化参数区域是怎样设置的(图表129)。

Sample	GrainEnv	Amplitude	Frequency	GrainDur
Count New.aif	gaussian	!Amp	!Frequency	!GrainDur s
	MaxGrains	Pan	FreqJitter	GrainDurJitter
☐FromMemoryWriter	28	0.5	!FreqJitter	!GrainDurJitter
TimeIndex	Seed	PanJitter	Interpolation	
!TimeIndex	0.893	1	◆ Linear ◇ None	
TimeIndexJitter		Density		
!TimeIndexJitter		!Density		SampleCloud

图表 129　SampleCloud 的参数区域

SampleCloud中对声音输出影响最大的参数区域设置是*Sample*(*采样*),在这个区域中,大家看到的是被粒子化处理的声音文件名称。这个参数之所以重要,是因为这个声音文件的一部分将被包含在每一个谷粒中。参数区域中对音频文件位置选择起决定性作用的就是*TimeIndex*(*时间参数*)。*TimeIndex*从声音文件中选择非常简短的片段放入每一个谷粒中。*TimeIndex*的范围(也是Kyma系统中所有TimeIndex的取值范围)是−1~1,其中−1指音频文件的开始,0代表音频文件的中间点,1代表音频文件的最后。

过程描述请参看图表130。

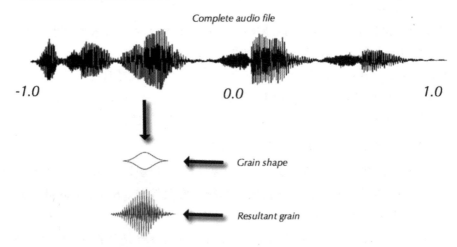

图表 130　SampleCloud 将音频文件转换为谷粒的过程

SampleCloud将声音文件的一部分放入谷粒中,GrainCloud将单个周期波形的循环放入谷粒中,两者最大的区别就在于此。除此之外,SampleCloud和GrainCloud很多参数区域的功能都是相同的,如*Frequency*和*FreqJitter*,*GrainDur*和

GrainDurJitter, *Pan* 和 *Panjitter*, *GrainEnvDensity* 和 *Amplitude*。请大家参见前面关于 GrainCloud对各个参数的详细描述。

如果要实现在不同音频文件中的实时转换，则使用多采样云声音物件(Multi-SampleCloud)。这个声音物件可以选择一系列声音文件进行实时粒子化处理。

12. 粘滑运动声音物件 SlipStick (发生器)

粘滑运动声音物件(SlipStick)，其合成方法基于一个物理模型：在弹簧的末端拉动一个有质量的物体划过表面。有时物体可能由于表面粗糙而无法继续滑动，但持续向物体施力，物体最终朝施力的方向移动，其模拟的运动过程将产生可听到的声音。因此，如果没有运动或者是虚拟运动，也就不会产生声音。这个声音物件能产生极大数量的不同音色，在此我建议大家对SlipStick进行实验和探索。

参数区域允许设定控制点的位置变化、物体的静止摩擦力、物体的滑动摩擦力、弹簧的劲度系数、振荡频率，改变结果声音的非零滑动摩擦的振荡衰减时间。

图表131显示了控制SlipStick声音物件的参数区域。

Frequency		Reset	SetReference	Level		
!FreqMid hz		!Gate	0	!Level		
ControlPosition		**TimeConstant**				
(1 repeatingFullRamp: (!Rate hz inverse)) normSin		!Time Constant s			☒Velocity	☐Stretch
Stiffness	**Decay**	**StickFriction**	**SlipFriction**			
!Stiffness	!Decay	!Stick Friction	!SlipFriction			SlipStick

图表131　SlipStick的参数区域

参数区域中最重要的参数是*ControlPosition*(*控制位置*)，它设定了物理模型的相关参数，即：置于弹簧尾部，被拖拽的物体的位置。*ControlPosition*的取值范围是−1~1，这些数值的变化速率是非常重要的控制参数。如果把这个参数外接控制器，它将成为可用于实时演奏的、十分具有音乐表现力的可控制参数之一。*TimeConstant* (*时间常数参数*)用来平滑处理*ControlPosition*的数值。小的*TimeConstant*数值对应快的响应时间，大的数值对应平滑却相对较慢的响应时间。

另外一个重要的参数是*Stiffness*(*劲度系数*)，它用来控制概念中的弹簧劲度系数，以及物体从一个位置移动到另外一个位置的快慢。这个参数的取值范围是0~1，数值越小代表越容易发生形变，数值越大代表越不容易发生形变。*StickFriction* (*静摩擦系数*)控制物理模型中物体和表面相对静止时的系数。*SlipFriction*(*动摩擦系数*)控制物理模型中物体和表面相对滑动时的系数。模型工具条中"SlipStick

Additive KBD"是 SlipStick 的变形,使用事件值!KeyDown!KeyPitch 和!KeyVelocity
变量优化控制。

第二节　混音与空间化
（Mixer and Spacialization）

1. 混合器声音物件 Mixer（混合器）

混合器声音物件（Mixer）,混合了所有在其输入参数区域内的声音模块的输出。声音模块可以通过直接拖动和粘贴的方法放入参数区域。*Input*参数区域对于其中的声音模块数量没有限制,并且在混合过程中原声音模块中的立体声信号保持不变。

*Left（左声道）*和 *Right（右声道）*参数区域控制声道的信号强度水平,基本上来说1代表最大,0代表最小。-1~0之间的负数与该值绝对值的效果相同,只是对信号的相位进行了反转。*Input*参数区域中3个声音模块的情况,如图表132中所示。

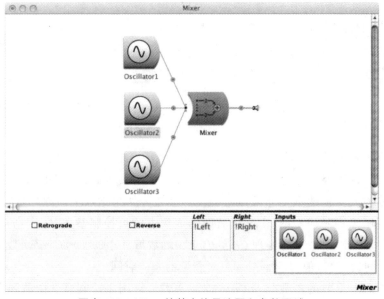

图表132　Mixer 的基本信号流图和参数区域

2. 声相声音物件 Pan（修饰器）

声相声音物件（Pan）,将其输入模块放入立体声环境中的特定位置,并且控制输入总体信号水平。Pan参数区域控制立体声定位,0表示声音全部从左扬声器声道输出,1表示声音全部从右扬声器声道输出,0.5表示将声音置于立体声环境的中间。Pan的参数区域如图表133所示。

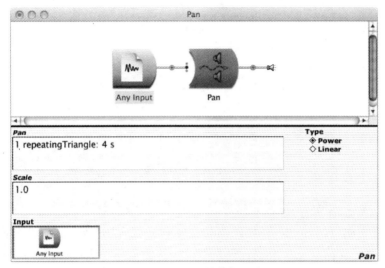

图表133 Pan的参数区域

最直接的方法是输入!Pan事件值。然而,很多CapyTalk表达式很完美地将数值从0变为1,同时也就将输入声音声相从左边变化到了右边。

下面我给大家一些基本的建议。CapyTalk表达式:

1 repeatingTriangle: 4 s

将声音左右来回移动,声音每4秒完成一次立体声场的循环。

CapyTalk表达式:

(3 s random abs) smooth: 3 s

平滑地推动声音在立体声环境中随机地移动。

3.2声道立体声调音台声音物件 StereoMix2(混合器)

2声道立体声调音台声音物件(StereoMix2),混合两个输入,每个输入都有各自的声相和信号衰减控制。这种调音台是专门为两个单声道的输入而设计的(*In1*和*In2*),并且为这两个输入指定其立体声环境中的位置。如果输入声音为立体声声音文件,那么StereoMix2只使用其左声道。参数区域*Pan1*和*Scale1*控制一个输入(*In1*);参数区域*Pan2*和*Scale2*控制另外一个输入(*In2*),所有参数区域的范围均为0~1。参数区域*Left*和*Right*设定总体的输出信号水平,1为最大值,0为最小值;-1~0之间的负数与该值的正数有同样的效果,只是对信号的相位进行了反转。图表134显示了StereoMix2参数区域的基本信号流图。

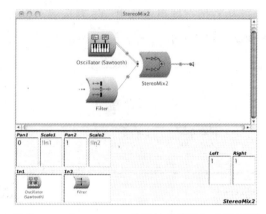

图表 134　StereoMix2 典型的信号流和参数区域

4.4声道立体声调音台声音物件 StereoMix4（混合器）

4声道立体声调音台声音物件（StereoMix4），混合四个输入，每一个输入有各自的声相和衰减控制。这个调音台是专门为接收四路输入（*In1*、*In2*、*In3*和*In4*）而优化设计的，将其置于立体声声场环境。如果输入声音为立体声声音文件，那么StereoMix4只使用其左声道。参数区域 *Pan1* 和 *Scale1*（缩放振幅大小）控制第一个输入；参数区域 *Pan2* 和 *Scale2* 控制第二个输入；参数区域 *Pan3* 和 *Scale3* 控制第三个输入；参数区域 *Pan4* 和 *Scale4* 控制第四个输入。所有参数区域的范围均为 0~1。参数区域 *Left* 和 *Right* 设定总体的输出信号水平，1 为最大值，0 为最小值；−1~0之间的负数与该值的正数有同样的效果，只是对信号的相位进行了反转。图表135显示了 StereoMix4 参数区域的基本信号流图。

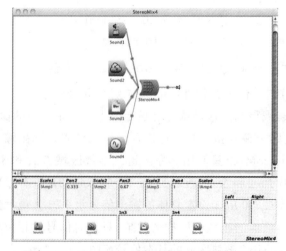

图表 135　StereoMix4 典型信号流图和参数区域

5. 多声道调音台声音物件 MultichannelMixer（混合器）

多声道调音台声音物件（MultichannelMixer），混合多路声道的输入，并为每一个输入提供个别信号水平调节。MultichannelMixer 第一声道输出位于其中的所有输入；MultichannelMixer 第二声道输出位于其中的所有输入，以此类推。多声道声相（MultiChannelPan）、环绕声分拆文件播放器（SplitSurroundFilePlayer）或者 4 声道输出（Output4）等声音物件，是 MultichannelMixer 连接的几种典型的输入声音模块，它们只是众多连接方式中的几种。MultichannelMixer 参数区域以及一种信息流图连接方式，如图表 136 所示。

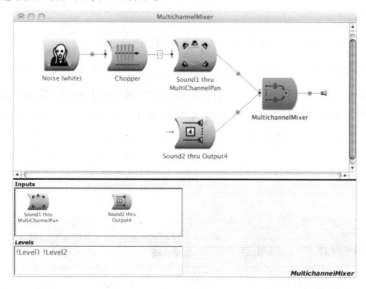

图表 136　MultichannelMixer 的参数区域以及一种信息流图

在 Levels 参数区域中的 !Level1 和 !Level2 事件值控制着 *Inputs* 参数区域的声音物件。根据需要，你可以加入更多的信号水平控制。

6. 多声道声相声音物件 MultichannelPan（修饰器）

多声道声相声音物件（MultichannelPan）的输出以一个概念圆来设置其输入声相对于听众的位置（图表 137）。具体的输出声道在 Kyma 的偏好设置中指定，但 multichannel 在大多数情况下都是指 4 声道或更多声道。如果输入声音为立体声声音文件，那么只有其左声道被使用（这里的声相设置有别于时间轴算法，时间轴的声相可以作用于单声道、立体声或者多声道声音模块）。*Angle*（*角度*）参数区域控制声相位置，0 表示圆的最左边，0.5 表示正前方，1.0 表示圆的最右边，1.5（或者-0.5）代表正后方。*Radius*（*半径*）描述了声音距离圆心处听者的距离。1 代表声音直接从圆上的位置输出,大于1或者小于1的值,分别将声音放在圆外或者圆内的位置。

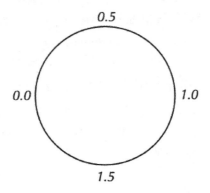

图表 137　听者位于圆心的概念圆

　　有两种完全不同的方法来连接 MultichannelPan,首先我们来介绍简单的方法。连接方法如图表138所示,同时是 *ReplicatedSound*(*复制声音*)参数和 *SharedSound* (*共享声音*)参数区域都使用和声共振器声音物件(HarmonicResonator)作为输入,因此可以放在概念圆上的任何位置。

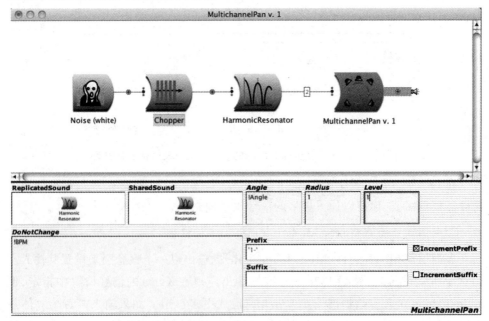

图表 138　使用 MultichannelPan 的直接方法

　　第二种方法稍微复杂一点,但是设计更加精致,如图表139所示。

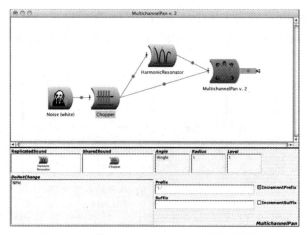

图表 139　使用 MultichannelPan 的复杂方法

如图表 139 中的连接，HarmonicResonator 是 *ReplicatedSound* 参数区域的输入，切割器声音物件（Chopper）是 *SharedSound* 参数区域的输入。这也就说 Chopper 的输出可能位于概念圆的任何一个位置，HarmonicResonator 也可能有很多副本——这些副本都有独立的控制——依照其在概念圆上的相位运动来修饰 Chopper。所以如果 Kyma 的偏好设置中设置好 8 声道，有 8 个 HarmonicResonator，那么每个副本都有各自的频率控制！所以，当声相位置发生改变，输出也可能被潜在修改了。

7. 复制器声音物件 Replicator（混合器）

复制器声音物件（Replicator），复制其输入的声音物件，并且对副本产生单独的控制。添加 Replicator 的常见方法是将其拖到声音物件右侧的信号流中。Replicator 参数的副本数量可以从 *Number*（复本数目）参数区域中指定。

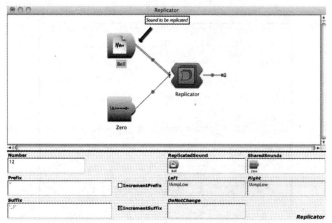

图表 140　Replicator 的基本使用设置

图表140中所示的连接方法生成了12个Sample的副本,都有独立的频率控制,因为Sample的参数区域使用了事件值!Frequency,VCS结果显示如图表141所示。

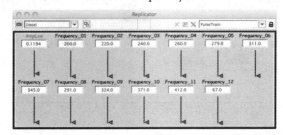

图表 141　Replicator 的 12 个频率控制器

Replicator 复制的不仅仅是一个声音物件,而是整个声音模块(包括整个信号流图)。所以下面的例子介绍了频率可控的 Oscillator 作为 MultichannelPan 的输入(用!Angle 作为事件值)。Replicator 复制了 20 个 Oscillator 和 MultiChannelPan。这个过程实现了在多声道空间内进行加法合成(图表142)。

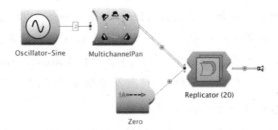

图表 142　Replicator 复制 20 个 Oscillator 和 MultiChannelPan

20个Oscillator副本的频率和空间独立控制的VCS界面,如图表143所示。

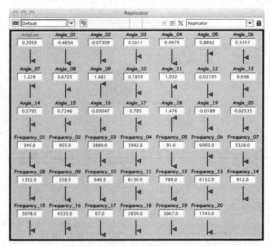

图表 143　Replicator 的 20 个不同的!Angle 和!Frequency 控制

第三节 频谱修饰器（Spectral Modifiers）

1. 滤波器声音物件 Filter（修饰器）

滤波器声音物件（Filter），将输入信号做低通、高通或者全通的滤波处理。Filter是很好用的通用滤波器。Filter和一个输入声音物件组成的信号流图以及参数区域，如图表144所示。*Frequency*参数区域控制截止频率，*Feedback*（反馈）参数区域控制共振。

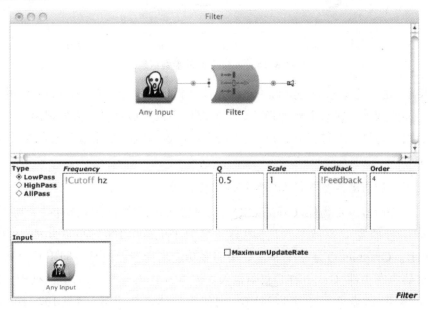

图表 144　Filter的参数区域

正如许多滤波和均衡类作用的声音物件，Filter把接收到的立体声信号进行加合，通过滤波算法进行单声道混合处理。如果要实现立体声（两个单声道）处理，那么需要使用立体声效果器（参见第91页）。模型工具条也有预制的立体声滤波器，如"低通滤波器（LowPassFilterStereo）""高通滤波器（HighPassFilterStereo）"和"全通滤波器（AllPassFilterStereo）"。

2. 均衡滤波器声音物件 EQFilter（修饰器）

均衡滤波器声音物件（EQFilter），给输入信号运用高低框架滤波器和参数滤波器（图表145）。EQFilter是一个非常好用的通用均衡器。如果EQFilter接收到立体声信号，就会将两个声道信号加和混缩到单一声道，进行均衡算法处理。

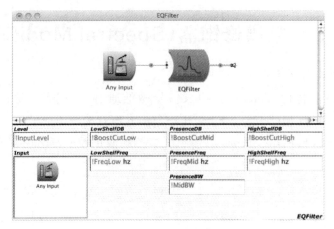

图表 145　EQFilter 的参数区域

　　Kyma 的修饰算法都是进行单声道处理,例如 EQFilter,这是 Kyma 系统的一条规则。如此便可以在只需要处理单声道的时候不浪费运算时间去处理两个声道的音频数据。如果要求进行立体声(或者两个单声道)处理,则使用立体声效果器(参见第 91 页)。

　　3. 图形均衡器声音物件 GraphicEQ (修饰器)

　　图形均衡器声音物件(**GraphicEQ**),对其输入进行均衡处理,提供 7 个频率带,每个频率带的宽度为一个八度,中心频率为 250、500、1000、2000、4000、8000 和 16000Hz。GraphicEQ 是一个非常好用的多功能均衡器。但是不同于其他滤波器和均衡器声音物件,GraphicEQ 仅对输入立体声的左声道进行滤波算法处理。如果要求立体声(或者两个单声道)处理,则使用立体声效果器(参见 107~108 页)。GraphicEQ 的参数区域如图 146 所示。

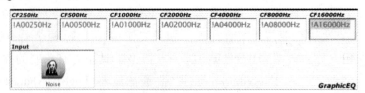

图表 146　GraphicEQ 的参数区域

　　4. 和声共振器声音物件 HarmonicResonator (修饰器)

　　和声共振器(**HarmonicResonator**)是一种滤波器,它在指定频率及其所有谐波频率点产生共振。我发现当使用一个复杂信号作为这个物件的输入时,HarmonicResonator 工作的效果最好(或者更加明显)。这种复杂信号相对于简单波形而言,如噪音、人的说话声、演奏的乐器声音或锯齿波。

模型工具条中的HarmonicResonator包含CapyTalk表达式,如图表147所示。

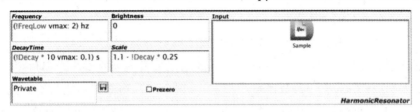

图表147 来自模型工具条的和声共振器HarmonicResonator参数区域

*Frequency*参数区域中的频率是指发生共振的基频。*Frequency*参数区域中CapyTalk表达式的意思是,从!FreqLow决定的数字与数值2之间选择较大的值作为即将使用的共振频率值(这也限定了可能输出的最低共振频率是2 Hz)。

为避免算法过载产生的失真,*DecayTime(衰减时间)*和*Scale(数值范围)*参数区域中的CapyTalk表达式相互配合,确保*DecayTime*数值(!Decay)增高的同时*Scale*数值下降。

5. 高框架滤波器声音物件 HighShelvingFilter (修饰器)

高框架滤波器(HighShelvingFilter),提升或者衰减指定拐角频率之上频率的振幅[在*CutoffFreq(截止频率)*参数区域中指定]。这个声音物件的功能与调音台(实体和虚拟)上的高框架均衡器功能类似。*BoostOrCut(增高或削减)*参数区域指定提升或者衰减的量(单位是分贝)。正数代表提升,负数代表衰减。*Scale*参数区域提供对输入声音物件的电平衰减(1表示满电平,0表示没有电平)。图表148显示了HighShelvingFilter的一种数据流图及其参数区域。

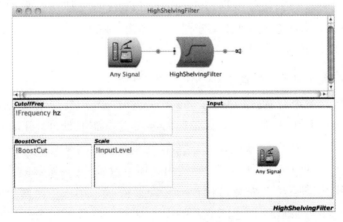

图表148 HighShelvingFilter的基本信号流图和参数区域

和其他均衡器声音物件一样，HighShelvingFilter 将立体声信号加和混缩到单一声道进行均衡算法处理。如果要求进行立体声（或者两个单声道）处理，则使用立体声效果器（参见第91页）。

6. 低框架滤波器声音物件 LowShelvingFilter（修饰器）

低框架滤波器声音物件（LowShelvingFilter），提升或者衰减指定拐角频率之下频率的振幅（在 *CutoffFreq* 参数区域中指定）。这个声音物件的功能与调音台（实体和虚拟）上的低框架均衡器功能类似。*BoostOrCut* 参数区域指定提高或者衰减的数量（单位是分贝）。正数代表提高，负数代表衰减。*Scale* 参数区域提供对输入声音物件的电平衰减（1是满电平，0是没有电平）。图表149显示了 HighShelvingFilter 的一种数据流图以及参数区域。

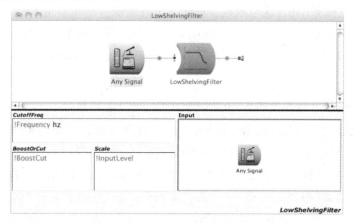

图表 149　LowShelvingFilter 的基本信号流图和参数区域

和其他均衡器声音物件一样，LowShelvingFilter 将立体声信号加和混缩到单一声道进行均衡算法处理。如果要求进行立体声（或者两个单声道）处理，则使用立体声效果器（参见第91页）。

7. 双共振峰分量声音物件 TwoFormantElement（修饰器）

双共振峰分量声音物件（TwoFormantElement），其工作原理是将输入信号通过两个中心频率和带宽确定的平行带通滤波器进行滤波处理。TwoFormantElement 把接收到的立体声信号加和混缩到单一声道进行均衡算法处理。如果要求进行立体声（或者两个单声道）处理，则使用立体声效果器（参见第91页）。

参数区域 *Formant1*（*共振峰1*）和 *Formant2*（*共振峰2*）用来指定两个带宽分别为 *Bandwidth1* 和 *Bandwidth2* 的带通滤波器的中心频率。参数区域 *Scale1* 和 *Scale2* 提供每个共振峰的振幅和对共振峰的分别控制。如果输入信号的频谱比较宽，那么结果很可能会更加明显。图表150显示了TwoFormantElement的参数区域以及信号流图的一种连接方式。

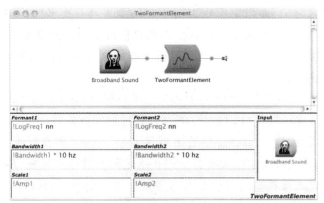

图表 150 TwoFormantElement的参数区域以及如何在信号流图中使用

TwoFormantElement也可以当作一个带通滤波器使用。如果将相应的参数区域 *Formant1/Formant2*，*Bandwidth1/Bandwidth2* 和 *Scale1/Scale2* 分别填入相同的数字，那么结果就是一个带通滤波器。

8. 声码器声音物件 Vocoder（修饰器）

声码器声音物件（Vocoder），用一系列旁链可控（SideChain-controlled）的可设定带宽的带通滤波器对输入信号滤波。在信号修饰的模型中，*Input*参数区域的声音物件进行滤波处理，*SideChain*参数区域的声音物件则控制一系列带通滤波器的时变特性。在*NbrBands*(*频段数目*)参数区域中的44是指定滤波器组中滤波器个数的默认数。Vocoder的参数区域和典型信号流图如图表151所示。

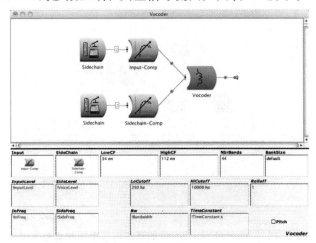

图表 151 Vocoder的参数区域和典型信号流图

在 Vocoder 中有一系列重要的参数。*TimeConstant*(*时间常数*)参数区域设置振幅包络控制滤波器对 *SideChain*(*旁链*)(调制信号)响应的快慢。设定值小于 0.1 时产生的结果非常清晰,而设定值较大时产生的结果具有更多的扩散和混响效果。*InputLevel*(*输入电平*)参数区域在进入滤波器之前控制信号的电平。*SideLevel*(*旁链电平*)参数区域控制 SideChain 输入到分析滤波器之前的声音电平,分析滤波器的作用是生成控制信号。

"分析"和"重合成"滤波器组的中心频率可以通过 *InFreq*(*输入频率*)和 *SideFreq*(*旁链频率*)的参数区域进行调整。*InFreq* 参数区域的数值是调整"重合成"组中心频率的重要缩放因子。*SideFreq* 参数区域是调整"分析"滤波器组的重要缩放因子。对于这两个参数,我建议大家尝试在 0~5 之间的数值。带宽(*Bw*)参数区域控制分析和重合成滤波器组的带通滤波器带宽。带宽越窄(如 0.1)就能听到越清晰的音高,带宽越宽(如 0.7)就能听到越刺耳和嘈杂的声音。

9. 交叉滤波器声音物件——短和长 CrossFilter_short and long (修饰器)

交叉滤波器声音物件(CrossFilter)对 *Input*(*输入*,即一个激励或者冲击)和 *Response*(*响应*,即响应激励或者冲击的物件)进行交叉。当物体响应的时候,其振动模式(共振)被激发。它的响应被记录以后,信息可以被用以制作一个滤波器,其共振频率与该物体相同。之后,新产生的滤波器可以用作 *Input* 信号的频谱修饰器。

CrossFilter 有两种:CrossFilter_Short [交叉滤波器(短)]和 CrossFilter_Long [交叉滤波器(长)]。如果不需要延迟(通过限制捕捉响应时长实现),就使用 CrossFilter_Short;如果需要捕捉长时间的响应,则使用 CrossFilter_Long。长响应时间以增加滤波器的延迟时间为代价。

这两种 CrossFilter 有很多相同的参数。图表 152 所示为 CrossFilter_Long。

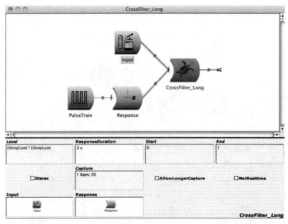

图表 152　CrossFilter_Long 的基本信号流图和参数区域

两种CrossFilter均有*Input*(被滤波信号)和*Response*(被捕捉信号)参数区域,也都包含*ResponseDuration*(捕捉响应时长)、*Level*(电平)和*Capture*(捕捉)参数区域。*Capture*是触发参数区域,所以每次CrossFilter被触发时,*Response*参数区域的输出就被记录到内存中,以供在*ResponseDuration*参数区域设定时长。

如果响应输入为立体声,且保持左右声道的区别很重要,那么选中*Stereo*(立体声)复选框(选中这个复选框会让CrossFilter的运算负载变大)。

CrossFilter_Long也包含控制滤波器运行的附加参数区域。参数区域的*Start*和*End*提供控制*Response*需要使用的部分(已被内存捕捉的)。

10. 立体声效果器声音物件 Stereoizer (工具)

立体声效果器声音物件(Stereoizer),将单声道处理器声音模块转换成立体声处理声音模块,对左和右声道单独控制,也可以用于对立体声输入的左声道和右声道进行单独处理。Stereoizer就像Replicator,只是没有一个参数区域让用户指定副本个数——数量总是2。图表153显示了Stereoizer将单声道处理转换为立体声处理的信号流图。

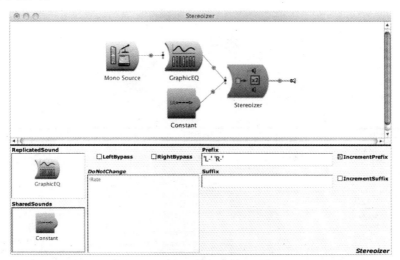

图表153　Stereoizer将单声道处理转换为立体声处理(来自模型工具条)

输入到*ReplicatedSound*(复制声音)参数区域的单声道声音物件,会被复制而产生独立的左右声道,并有独立的实时控制,参数显示于虚拟控制界面(Virtual Control Surface),如图表154所示。这些参数控制都会在虚拟控制界面中显示(图表154)。

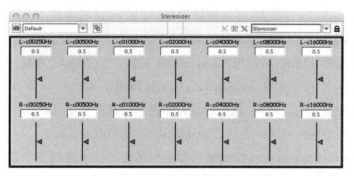

图表 154　Stereoizer 复制左右两个声道的控制

除了图形均衡器声音物件（GraphicEQ），Stereoizer 也可以和许多其他的声音物件搭配来修饰声音信号，如 Harmonic Resonator，Two Formant Element，All Pass，Band Pass，HighPass，Low Pass，EQFilter，High Shelving Filter，Low Shelving Filter，Modal Filter，Chopper 和 Level。

图表 155 的例子显示了 Stereoizer 可以用于单独处理立体声输入的左右声道。

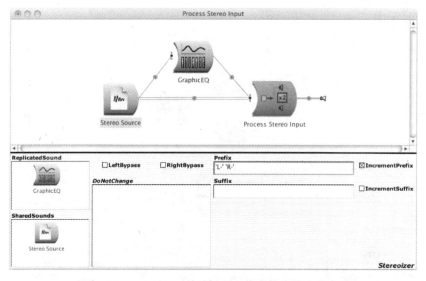

图表 155　Stereoizer 单独处理立体声输入的左右声道

上例中 Stereoizer 的第二种应用方法是将立体声声音物件放入 *SharedSounds*（共享声音）参数区域，而独立控制左右声道的，修饰分支的声音物件则放入 *Replicated-Sound*（复制声音）参数区域。这个信号流图在模型工具条中的名字为"处理立体声输入"（Process Stereo Input）。

第四节　非频谱类修饰器(Non-Spectral Modifiers)

一、电平声音物件 Level (修饰器)

电平声音物件(Level)对输入的信号振幅进行提升或衰减,提供对左右声道的独立控制。在控制增益的声音模块结构中,Level是很好的控制物件之间电平的基本方法。为了确保振幅的突然变化不会导致我们不希望出现的咔嗒声(Click),需要选中 *Interpolation*(*插入*)下方的 *Linear*(*线性*)单选框。图表156显示了Level的信号流图以及参数区域。

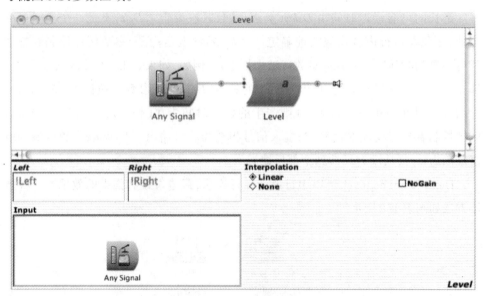

图表156　Level的基本信号流图和参数区域

二、带反馈延迟声音物件 DelayWithFeedback (修饰器)

带反馈延迟声音物件(DelayWithFeedback),将其输入信号延迟指定的时间长度,同时提供可选择的反馈控制。图表157显示了包含DelayWithFeedback的基本信号流图以及参数区域。

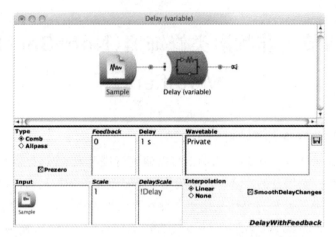

图表 157　　DelayWithFeedback 的基本信号流图以及参数区域

　　最长的可能延迟时间由 *Delay*(*延迟*)参数区域设定。*Delay* 不是一个实时可变参数,必须在运行声音模块之前确定。*DelayScale*(*延迟范围*)参数区域控制着施加延迟效果的时间段(在 *Delay* 参数区域中指定)。例如,如果 Delay 参数区域输入 1 s,那么 *DelayScale* 参数区域也相应产生 1 s 的延迟,*DelayScale* 参数区域输入 0.5,那么产生的延迟时间为 0.5 秒;输入 0.1 则产生的延迟时间为 0.1 秒。*Feedback*(*反馈*)参数区域控制着延迟反馈的信号,与输入信号相叠加后再输出。*Feedback* 参数区域的取值范围为 0~1(从没有反馈到全部反馈)。

　　DelayWithFeedback 可以串行或者并行连接,营造奇妙和强大的效果。一种连接方法如图表 158 所示。

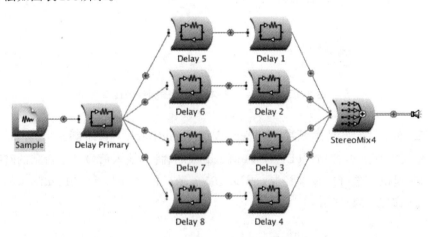

图表 158　　多个 Delay 可以串行或者并行连接

三、尤金伲奥混响声音物件 Eugenio Reverb（修饰器）

尤金伲奥混响声音物件（Eugenio Reverb），对其输入加入混响效果。尽管立体声信号会跟混响的单声道输出再混合，对于立体声输入，Eugenio Reverb 在对其运行混响算法之前，首先将其左右声道混合并产生一个单声道混录。

有3个参数区域可能是最重要的：*Direct*（*直达声*），控制直达信号的电平；*Reverb*（*混响*），控制混响信号的电平；*Decay*（*衰减*），控制相对衰减时间，0表示没有衰减时间，1表示最大衰减时间。图表159中所示为模型工具条中 Eugenio Reverb 的事件值设置。

注意 *Reverb* 和 *Direct* 参数的倒置关系：!Reverb*0.25 和 1−!Reverb。当一个参数增大时另外一个参数就减小。

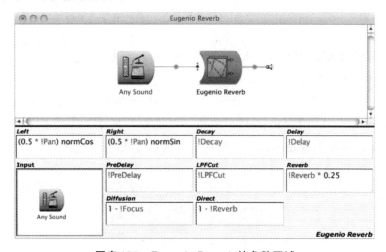

图表 159　Eugenio Reverb 的参数区域

四、单音移调声音物件 SimplePitchShifter（修饰器）

单音移调声音物件（SimplePitchShifter）对输入信号进行向上或者向下的移调。移调功能对于单声道音频使用效果最好。移调由 *Interval*（*音程*）参数区域中的数值控制，单位为半音音程。所以如果输入的值是−3，音高将会向下移动小三度；输入的值是+7，音高将向上移动纯五度。输入信号最低频率和最高频率期待值来自 *MinInputPitch*（*最小输入音高*）和 *MaxInputPitch*（*最大输入音高*）参数区域的设置，提供这两个期待值有助于 SimplePitchShifter 进行准确地移调。图表160显示了 SimplePitchShifter 的参数区域，以及它在信号流中一种可能的连接方式。

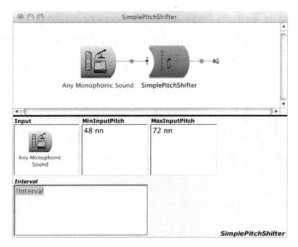

图表 160　SimplePitchShifter 的参数区域及其在信号流中的使用方式

五、复音移调声音物件 PolyphonicShift（修饰器）

复音移调声音物件（PolyphonicShift），对输入信号（单一调性或者复调）向上或向下移调。参数区域中的 *Interval* 指定以半音为单位的移调音程。对于复调音乐的移调，PolyphonicShift 比 SimplePitchShifter 更适合。图表 161 显示了 Polyphonic-Shift 的参数区域及其在信号流程图中的一种连接方式。

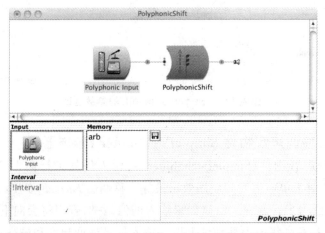

图表 161　PolyphonicShift 接收一个输入及其参数区域的显示

六、动态范围控制器声音物件 DynamicRangeController（修饰器）

动态范围控制器声音物件（DynamicRangeController），压缩或者扩展其输入信号的动态范围，作为旁链振幅包络的一个功能。它的压缩功能可以有效地减小信号的动态范围,使其制作混音时更简便。用⌘B查找压缩器(compressor)或者扩展器(expander)即可找到此声音物件。

DynamicRangeController的构造是基于传统的compressor/expander模式而构建的。DynamicRangeController的参数区域如图表162所示。

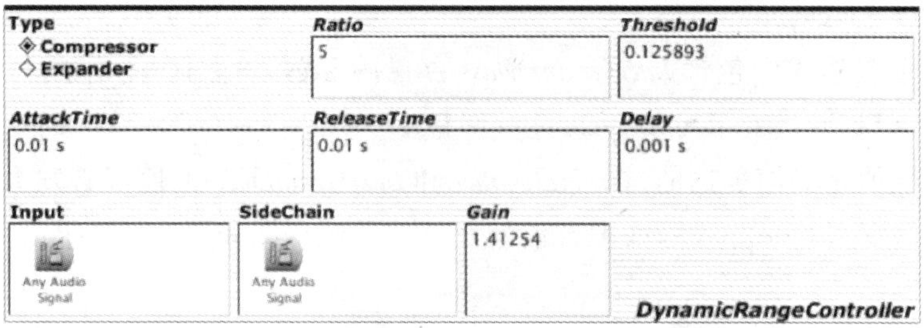

图表162 DynamicRangeController的参数区域

自上而下,*Ratio*(*比例系数*)参数以dB为单位指定输入振幅和输出振幅的比例阈值(如5:1)。*Threshold*(*阈值*)参数指定压缩(或者扩展)开始工作的临界值。*AttackTime*(*起音时间*)参数指定压缩器(或者扩展器)在超过阈值以后多久开始工作。*ReleaseTime*(*释放时间*)指定了压缩器(或者扩展器)在回到阈值之内后多久停止工作。*Gain*(*增益*)参数区域指定了压缩或者扩展之后输出总体电平的变化。1表示(单位增益)没有变化。*Threshold*和*Gain*参数区域可以通过!GainDB dB和!ThreshDB dB事件值方便地控制。

七、切割器声音物件 Chopper(修饰器)

切割器声音物件(Chopper),反复地向其输入信号使用振幅包络。包络是由波形的一个周期以及包络之间的空隙时间来表达的,并且这个波形的周期时长是确定的,图表163显示的是Chopper的参数区域。

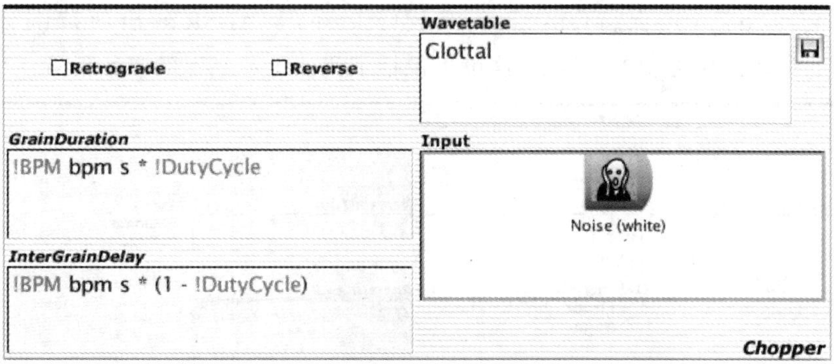

图表163 Chopper的参数区域

图表163中看起来比较复杂的CapyTalk表达式是模型工具条中Chopper的设置。我们现在来解释一下这些表达式的作用。在 *GrainDuration*(*谷粒时长*)参数区域中表达式的意思是：

截取当前!BPM的一拍，将其换算成为以秒为单位的时长，再把这个换算的时长通过!DutyCycle进行调整。

第二个表达式中包含 *InterGrainDelay*(*谷粒内延迟*)参数区域，作用与上一条表达式一样，但是通过 1−!DutyCycle 进行调整。

不管数值是如何表达的，*GrainDuration* 和 *InterGrainDelay* 的值都必须大于 0。

通常情况下 Chopper 修饰声音信号及其信号流程图如图表164所示。

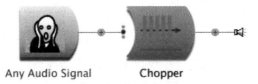

Any Audio Signal   Chopper

图表164　Chopper修饰输入音频信号振幅的信号流程图

因为经过 Chopper 修饰的声音有重复的音乐效果，在 Chopper 作用下的任何信号都可以被节奏化。有时候切割语音文本能得到很有意思的结果，因为语言本身的韵律与 Chopper 修饰后的节奏不同。

第五节　控制(Control)

一、起衰延释包络声音物件 ADSR（控制）

起衰延释包络声音物件（ADSR），受到触发后产生传统的四阶段包络[起音（attack）、衰减（decay）、保持（sustain）、释放（release）]。ADSR 输出值范围为 0~1。ADSR的参数区域如图165所示，这里也包括了我认为最基本的参数设置。

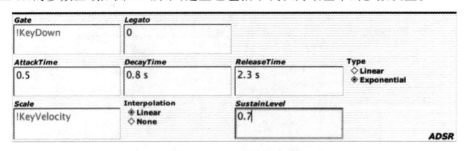

图表165　ADSR 的参数区域

请注意,我在这里使用的是!KeyDown事件值来触发包络,用MIDI!KeyVelocity来调整包络的振幅量[①]。ADSR能产生线性和指数包络部分,分别如图表166和167所示。

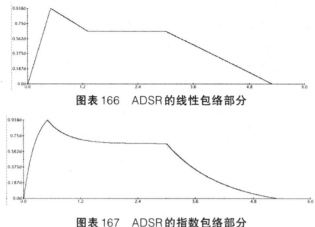

图表166　ADSR的线性包络部分

图表167　ADSR的指数包络部分

ADSR的一种有效、常用的方式是将其粘贴到另一个声音物件的振幅参数区域。如图表168所示,ADSR被粘贴到了Oscillator的*Amplitude*和*Frequency*参数区域。

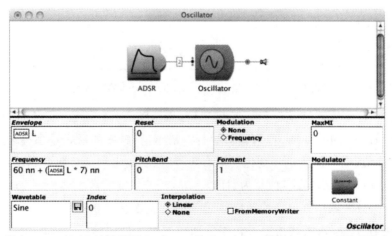

图表168　ADSR被粘贴到Oscillator的*Frequency*和*Amplitude*参数区域中

因为一个声音物件(ADSR)被粘贴到同一个声音物件(Oscillator)的两个参数

①当使用Wacom数字画板或者Continuum fingerboard触摸键盘这类连续值控制器时,插值运算(Interpolation)单选按钮很重要。选择线性(Linear)插值运算来连续控制Scale(!KeyVelocity),而不是当按键触发时进行采样(例如,使用一个MIDI标准键盘触发)。选择线性插值运算,在!KeyVelocity的变化值间进行插补,这样就减少了量化时对听觉的影响。

区域,Kyma 在 ADSR 和 Oscillator 之间的通讯连线上显示"2"。另外,在 Frequency 参数区域的 ADSR 被乘以 7(*7),这样 *Frequency* 参数区域的变化范围将在 0~7 个半音之间(nn)。

二、图形包络声音物件 GraphicalEnvelope(控制)

图形包络声音物件(GraphicalEnvelope)提供一个图形界面来设计包络,包络可以被设计为任意多数量的阶段。每触发一次,包络就运行一次。GraphicEnvelope 通常是被粘贴到参数区域用来控制振幅、频率、时间索引等参数。GraphicEnvelope 输出 0~1 之间的数值。

GraphicEnvelope 最首要的参数区域就是 *Envelope*(*包络*)(图表 169)。如果插入新的断点,就在包络区域同时按下 Shift+Click。如果要查看特定断点的振幅和时间信息,则点击此断点。

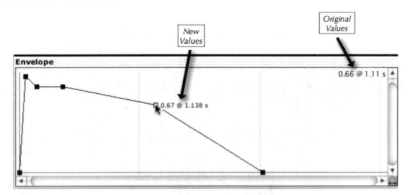

图表 169　图形包络(GraphicalEnvelope)的参数区域

Gate(*门*)参数区域是触发器的位置(如!KeyDown,!Trigger 或者!PenDown)。每次触发 *GraphicalEnvelope*,包络就被运行。请牢记,触发的形式是多种多样的,表达式、事件值、输出值从 0~1 变化的声音物件,或者输出值从负数变到正数的声音物件,这些物件都以触发"运行"为目的。

Level 参数区域调整包络的振幅,将振幅减半需要输入 0.5。

Rate(*速率*)参数区域指定了包络的回放速度。回放速度与 *Envelope* 区域中包络图的时间轴对应一致,就输入数值 1;减慢速度到原来的二分之一就输入 0.5;加快速度到原来的两倍就输入 2。

三、功能发生器声音物件 FunctionGenerator(控制)

功能发生器声音物件(FunctionGenerator),在指定的时间内读取指定波形的信息,输出一连串时变数字。FunctionGenerator 是最有利用价值的时变控制器之一,在很多情况下都可使用,将其粘贴到参数区域中即可。在 FunctionGenerator 中有3个比较重要的参数区域(如图表170所示)。

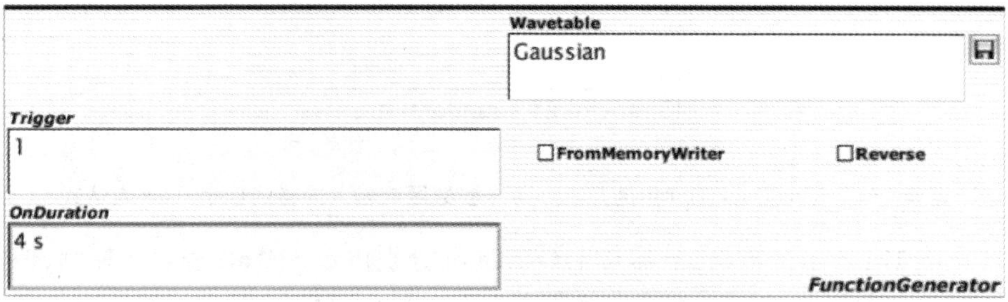

图表170 FunctionGenerator 的参数区域

Wavetable(*波表*)参数区域内进行波形选择,选择了波形就确定了将要输出的一系列时变数据流的形状。*OnDuration*(*触发时长*)参数区域指定了触发波形回放的具体时间。*Trigger*(*触发*)参数区域需要填入触发信息,如填入1,则系统输出波形一次;输入!KeyDown 或者 1 bpm: 15 则每4秒触发波形一次。FunctionGenerator 的参数区域如上图所示,将在4秒的时间内输出高斯波形,这个高斯波形从0变化到1,再变化回0。通常情况下,FunctionGenerator 将被粘贴到一个参数区域。更多关于 FunctionGenerator 的描述参见第45页。

四、常量声音物件 Constant(控制)

常量声音物件(Constant),输出一个或者一系列数值,这些数值都在其唯一的参数区域(*Value*)中指定。出乎意料的是,Constant 的参数区域常常含有 CapyTalk 表达式,因此 Constant 的输出并不是常量,而是稳定的波动。这就意味着,与一个 Constant 配合,一个 CapyTalk 表达式可以变成一个声音物件。如果一个指定的声音物件需要另一个声音物件作为其控制输入,或者在几个地方需要同时执行一个随机运算的结果时,将一个表达式转换成一个声音物件就显得非常重要[1]。现在我们来看一看后者的情形。如果3个 Oscillator 需要使用同样的随机结果,图表171所示的方法是不成功的。

---

①给多个目标发送相同随机运算结果的另一种方法:发送种子信息给随机表达式,并在表达式作用的所有地方都使用相同的种子值。第三种可行方式,即把随机表达式放置在声音物件全局控制器(SoundToGlobal-Controller)中。

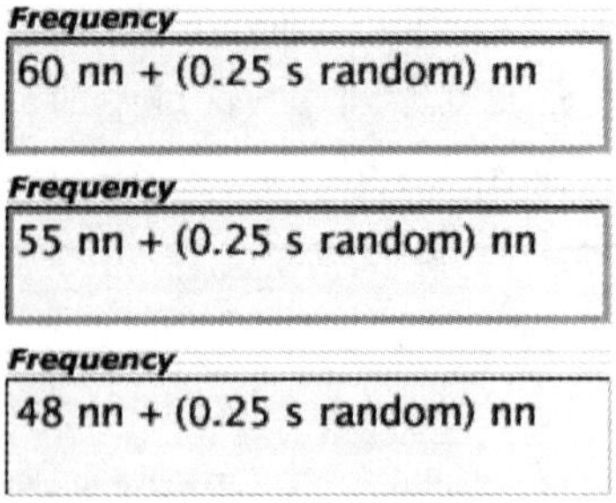

> **Frequency**
> 60 nn + (0.25 s random) nn

> **Frequency**
> 55 nn + (0.25 s random) nn

> **Frequency**
> 48 nn + (0.25 s random) nn

图表 171　三个Oscillator中的*Frequency*参数区域输入同样的CapyTalk表达式

　　图表171所示的方法，虽然每个Oscillator分别由CapyTalk表达式控制，但是输出的随机结果也不同。这个问题的解决方法是将同样一条CapyTalk表达式输入到一个Constant，然后将这个Constant粘贴到不同的Oscillator中。图表172中，我们看到信号流图以一个Constant同时作为三个Oscillator的输入控制，图表173显示了Constant的参数区域；最后是同一个Constant被粘贴到几个Oscillator中的三个*Frequency*参数区域（图表174）。

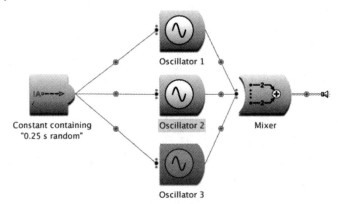

Oscillator 1

Constant containing
"0.25 s random"

Oscillator 2

Mixer

Oscillator 3

图表 172　一个Constant控制三个Oscillator的信息流图

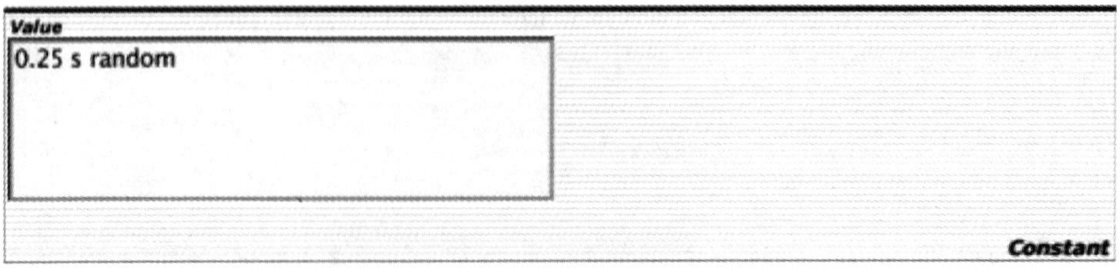

> **Value**
> 0.25 s random
>
> *Constant*

图表 173　Constant的参数区域数值

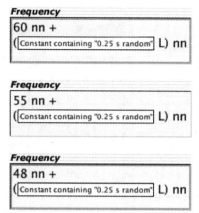

图表 174 同一个 Constant 被粘贴到几个 Oscillator 的三个 Frequency 参数区域中

当然，任何一个 CapyTalk 的表达式都可以以这种方式来使用。

第六节 现场演奏（Live Performance）

一、插入预置声音物件 InterpolatePresets（控制）

插入预置声音物件（InterpolatePresets），向虚拟控制界面中的两个相邻预置中插入新的数值。在 Kyma 的显示中，很多预置参数都罗列在虚拟控制界面（VCS）上，InterpolatePresets 的作用是使每个独立的虚拟控制器的取值在相邻的预置值之间平滑过渡。通常来说，VCS 上都定义和存储着很多预置。插入 InterpolatePreset 这个声音物件，即是将其放入信号流图中需要插入预置的声音模块的右边（图表175）。

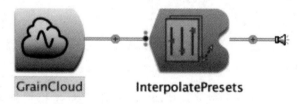

图表 175 带有 VCS 预置的声音物件作为 InterpolatePresents 的输入

对预置进行整理是很重要的，因为在插入预置时是按照预置顺序进行平滑过渡的。Kyma 以首字母顺序来排列预置，所以如果将预置以数字开头来命名（01、02、03，等等）就可以很容易地将预置进行排序（图表176）。

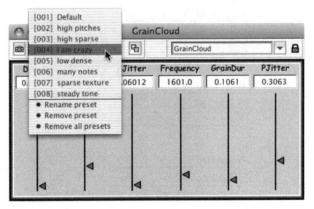

图表 176　下拉菜单中虚拟控制界面的预置

加入 InterpolatePreset 之后，虚拟控制界面将如图表 177 所示。

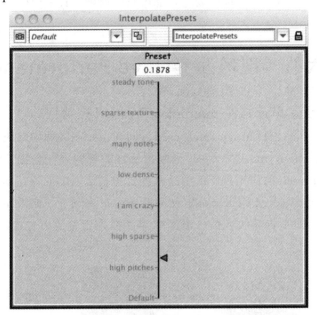

图表 177　加入 InterpolatePreset 之后的虚拟控制界面 VCS

请注意，VCS 中的预置都被放置在同一个称作"Preset"的控制器中。将红色小三角精确地指向一个预置名时，就会调用对应的预置值；当红色小三角指向两个预置之间的位置，就将产生新插入的数值所对应的声音效果。

二、预置空间声音物件 PresetSpace（控制）

预制空间声音物件（PresetSpace），向存储在虚拟控制界面的前八个预置插入新预置,从物理概念上来讲,将这八个预置放置在一个虚拟立方体的八个角。用户可以通过发送 X,Y,Z 的取值表示在立方体中的虚拟位置,从而在三维空间内定位。以图画的方法来表示如图表 178。

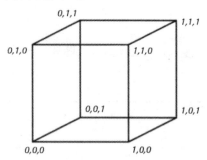

图表 178　PresetSpace **的物理概念模型**

X−Y−Z 坐标表示由三个数值组成(如 0,0,1),X 是第一个数值,Y 是第二个数值,Z 是第三个数值。

基于 X−Y−Z 的位置,插入不同预置之间的新数据就产生了。(声音物件在输入 PresetSpace 声音物件之前至少要运行一次,PresetSpace 声音物件才能获取预置信息。)像 Wacom 数字画板、微软体感控制器这类设备,提供了非常方便又与众不同的方法来使用 PresetSpace,因为以上两款控制器都要输出 X−Y−Z 数值。在这里我还要提醒大家注意,如果仅输入两个数值,比如 X 和 Y,可以将预置进行二维平面定位。

在虚拟控制界面中制定和存储一组预置是常见的用法。然后,像插入 Interpo-latePreset 那样,PresetSpace 也要放置在需要插入预置的声音模块的右边(图表 179)。

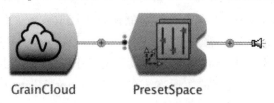

GrainCloud　　　　PresetSpace

图表 179　PresetSpace **的声音物件输入**

三、"MIDI声音"声音物件 MIDIVoice（控制）

"MIDI 声音"声音物件(MIDIVoice),在信号流示图中为其左边的声音模块配置 MIDI 控制。MIDIVoice 指定了 MIDI 通道(*Channel*)、复音数(*Polyphony*),可以接收的最低和最高 MIDI 音符(*LowPitch/HighPitch*)以及总体电平(*Left/Right*)。MIDI 数据的来源从实时 MIDI 输入、标准 MIDI 文件或者脚本(生成

MIDI事件的脚本)中选择。图表180所示为MIDIVoice的参数区域以及可连接的
一种信号流图。

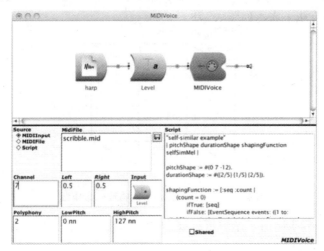

图表180　MIDIVoice的参数区域以及一种连接信号流图

在Kyma时间轴中,有些参数(MIDI通道和复音数)用时间轴来控制比较方便。

"文本到音高"(Text to Pitch)模型中的MIDIVoice包含一个很有趣且方便的
脚本,个人可以根据自己的喜好进行调整。

四、内存写入器声音物件 MemoryWriter（存储）

内存写入器声音物件(MemoryWriter)每当接收到一个触发信号,Memory-
Writer就根据 *CaptureDuration*(捕捉时长)参数区域中的值,将输入写入Pacarana的
波表内存中。通常情况下,如果一个声音模块需要指定一个音频文件才能运行,这
个声音模块就从Pacarana内存的一个存储位置来读取音频文件。这一类声音物
件,如Sample,SampleCloud,Oscillator,FunctionGenerator,也是同样的工作原理。
而Kyma还提供另外一种方法将信息存放到内存中:实时地直接向Pacarana内存
中录入音频信息。这一过程的实现方法在下图MemoryWriter的参数区域中表明
(图表181)。

图表181　MemoryWriter的参数区域

要录入音频的声音物件显示在 *Input* 参数区域中。存放在 Pacarana 内存中的录音文件名称在 *RecordingName*(录音名称)中显示。这个名称之所以重要,是因为如果其他声音物件要使用这一段录音,需要以这个名称获取录音信息。所以,如果要让一个 Sample 使用这段录音,我就必须使 Sample 的 *Sample* 参数区域中输入的文件名称与 MemoryWriter 的 *RecordingName* 参数区域中的文件名称一致。要完成这个连接,最后还要选中声音物件里面 *FromMemoryWriter* 选项,以调用这段录音(图表182)。

图表 182　**与 MemoryWriter 相关的** *Sample* **参数区域**

CaptureDuration 参数区域指定了写入 Pacarana 内存的音频文件时长。常见的时间表示如 10 s (10秒)、10 ms (10微秒)、10 m (10分钟)或者 4096 samp (4096采样点)。音乐具体内容也会影响捕捉时间。触发参数区域是录音周期的开始按钮。数值 1 触发录音周期一次(没有重复触发),!KeyDown,!PenDown,或者 1 bpm: 20 将在每次触发时,重新启动录音周期。

如果选中周期(*Cyclic*)复选框,MemoryWriter 则实行循环录音的模式。在循环录音的模式中,如果 *CaptureDuration* 参数区域为10s,那么第11秒将覆盖之前的第1秒,第12秒将覆盖之前的第2秒,以此类推。这一过程在图表183中解释。

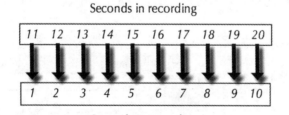

图表 183　**当选中 Cyclic 时,第2个10秒的录音覆盖第1个10秒的录音**

我建议大家把 MemoryWriter,以及那些使用 MemoryWriter 录音的声音模块,用一个 Mixer 物件合并在一起。这样我们从概念上对它们的关系一目了然(图表184)。

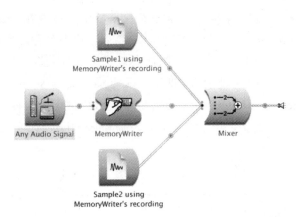

图表 184 放入 MemoryWriter 中的两个 Sample 物件，理清逻辑关系

要将输入声音模块静音，则选中 *Silent*（*静音*）复选框；要将输入声音模块通过 MemoryWriter 而不被改变，并成为混音的一部分，则不要选中 *Silent*。

五、条件等待声音物件 WaitUntil（控制）

条件等待声音物件（WaitUntil），将输入推迟到当 *Resume*（*继续*）参数区域中的条件满足非零时开始运行[①]。从理论角度来说，任何能产生非零数值的事件都可以用作"Resume"事件的触发，通常情况包括!KeyDown（当接收到 KeyDown 信息时继续执行）、!Trigger（当接收到一个 Trigger 信息时继续播放），或者当 Wacom 数字画板、iPad 平板电脑用作控制器!PenDown（当接收到 PenDown 信息时继续运行）时。WaitUntil 有一个很重要的用法，即用在作品时间轴的开始，这样可以使作品在收到明确的指令之后才开始运行。图表185说明了这一应用是如何实现的。

图表 185 应用 WaitUntil 触发开始的时间轴

作品进行过程中使用 WaitUntil，作用类似于自由延长。这种情况下，正在循环的声音模块会继续循环，保持声音模块会继续保持，任何已经开启的算法处理也

[①]通过使用 ResumeOnZero 复选框，这个条件可以反转因果，即 WaitUntil 输出 0 值时恢复运行。

将继续运行。当接收到"Resume"事件以后,时间轴才以正常模式前行。

六、振幅跟踪器声音物件 AmplitudeFollower（控制）

振幅跟踪器声音物件（AmplitudeFollower），跟踪输入信号的振幅,对其输入的每个采样点振幅的绝对值取平均值,并输出 0～1 之间的数值。AmplitudeFollower 的一种基本用法是:输入一个实时信号,使其输出通过一个 Level,再输入到一个参数区域中,如 *Frequency* 参数区域（在一个 Oscillator 中）。这一段描述请参看图表 186 和图表 187。

GenericSource   AmplitudeFollower   Level Control   Oscillator's Frequency Controlled by data from an Amplitude Follower

图表 186　AmplitudeFollower 从麦克风处接收输入信号

将产生的控制信号发送到 Oscillator 中。

> **Frequency**
>
> 48 nn + ([Level Control] L * 12) nn

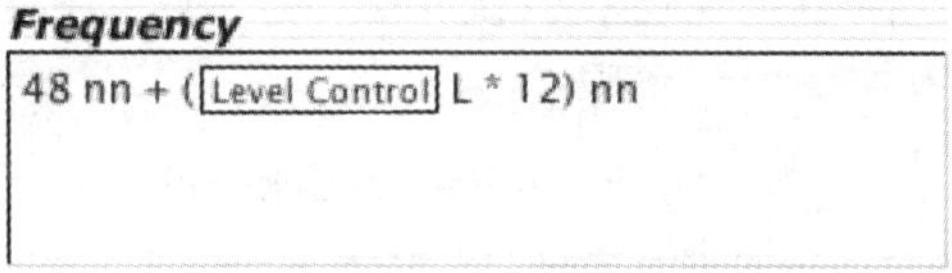

图表 187　Oscillator 的参数区域

请注意:从 AmplitudeFollower 处接收到的数值（由 Level 来控制信号强度）通过一个乘法(*12)进行调整,所以振幅变化可以产生一个八度范围内的频率变化。

AmplitudeFollower 的另外一种使用方法是:控制每秒产生的触发数量。每分钟几拍的基本 CapyTalk 表达:

$$1 \text{ bpm}: 400$$

我建议使用另一种变形方式:利用 AmplitudeFollower 产生 0～1 之间的数值变化,再将其调整为 0－200（通过乘法运算）后输出。在下面这个例子中, *Gate（门）* 参数区域接收到 AmplitudeFollower 的输入,再用 400 减去这个值（这样就在振幅增长的同时减慢了速度）[1]（图表 188）。

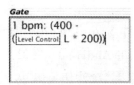

> **Gate**
>
> 1 bpm: (400 -
> ([Level Control] L * 200))

图表 188　AmplitudeFollower 控制 bpm 表达式的值

---

[1]这个想法来自于布赖恩·贝里特(Brian Belet)。

七、频率追踪器声音物件 FrequencyTracker（控制）

频率追踪器声音物件（FrequencyTracker），持续地对其输入信号的频率进行更新的评估，并输出频率估计值。FrequencyTracker 输出的数据流映射到 Oscillator 或者 Sample 声音物件的频率或者振幅参数区域。将 FrequencyTracker 粘贴到一个参数区域，在其后输入"L"字符，来进行频率评估；在其后输入"R"字符，来进行振幅包络评估[①]。参见图表 189。

图表 189　用 FrequencyTracker 追踪频率或者振幅

要准确地追踪输入的频率，FrequencyTracker 需要在参数区域 *MinFrequency*（*最小频率*）和 *MaxFrequency*（*最大频率*）中输入预期频率范围。追踪频率范围越小，FrequencyTracker 就计算得越精确。在我看来，事实证明将频率追踪范围压缩到一个八度之内是最理想的（但不是在所有情况下）。为了帮助确立输入信号的频率范围，Kyma 提供了"频率评估器"（FrequencyEstimator）——模型工具条中一个相对复杂的声音模块。图表 190 显示了 FrequencyTracker 的参数区域。

Input	MinFrequency	MaxFrequency	Scale
	24 nn	72 nn	0.025
Audio Signal	**Detectors**	**Confidence**	**Emphasis**
	10	0.4	1
			FrequencyTracker

图表 190　FrequencyTracker 的参数区域

Symbolic Sound 公司建议大家在获得良好的频率追踪结果之前，将参数区域内的 *Confidence*（*置信*）、*Scale*（*数值范围*）、*Emphasis*（*强调*）和 *Detectors*（*探测器*）保持默认设置。我认为对一个声音信号进行准确的频率追踪，是难度最大的分析算法之一，所以大家在使用过程中要有耐心。

八、采样和保持声音物件 SampleAndHold（修饰器）

采样和保持声音物件（SampleAndHold），在保持时间（*HoldTime*）参数区域限定的时长内获取输入的实时数据。这个操作类似"欠采样"技术。图表 191 说明了一

[①]声音模型工具条中的带有频率追踪的振荡器声音模块（Oscillator w/FrequencyTracker），是利用此技术进行频率追踪和振幅跟踪的很好范例。

种简单的SampleAndHold信号流图。

Constant with !PenX　　SampleAndHold　　Oscillator

图表191　任何数据源都可以作为SampleAndHold的"欠采样"输入

上图的结构中,Constant物件参数区域中的事件值为!PenX,Constant物件作为SampleAndHold的输入。当前数值被SampleAndHold获取之后粘贴到Oscillator的*Frequency*参数区域(图表192)。

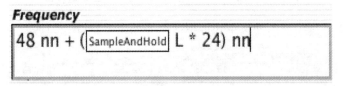

图表192　SampleAndHold被粘贴到Oscillator的*Frequency*参数区域

因为!PenX输出的值在0~1之间,我将数值通过乘法运算调整到0~24,以扩大可能出现的音高变化范围。同时我也要指出,由于欠采样的执行方便且速度稳定,SampleAndHold是一个很好的生成节奏的声音物件。

第七节　其他（Other）

一、注释声音物件 Annotation（工具）

注释声音物件(Annotation),不产生任何声音,却是最有价值的声音物件之一。从基本描述到详尽文档对程序或子程序进行注释,这是编程(任何一种语言的编程)过程中最重要的任务之一。Annotation可以注释音乐作品,列出需要做的事情等等,且与Kyma文件一同保存。此外,演奏备忘也可以记录在Annotation里面,比如"开始作品,第一步操作,接下来操作"等等。这些备忘至关重要,因为在演奏场景中紧张感倍增,用一个简明列表列出演奏时需要做的事情和步骤,对于消除紧张情绪给表演艺术家带来的干扰是十分有帮助的。在图表193所示的例子中,我们可以看到在信号流中添加Annotation,如同添加其他声音物件,所有注释内容都要在*Text*(文本)参数区域中输入。

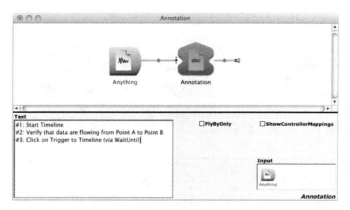

图表 193　信号流图中的 Annotation 及其参数区域

*Text*参数区域中输入的文本在虚拟控制界面上显示(图表 194)。

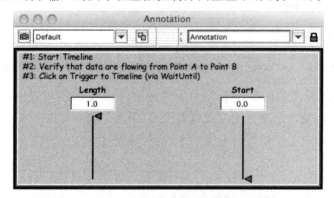

图表 194　Annotation 中输入的文本显示在虚拟控制界面

　　虚拟控制界面中显示的文本可以使用 VCS 编辑器根据需要修改成任何尺寸。请注意,在 Annotation 中有两个复选框:*ShowControllerMapping*(*显示控制器映射*)有助记住外接控制器是如何映射至声音模块的参数中的;*FlyByOnly*(*鼠标悬浮框*)节省虚拟控制界面显示空间,仅当鼠标放在小问号上才显示注释文字。

　　有一点很重要,你要知道 Annotation 对音频信号或者控制信号不会有本质影响,所以通过 Annotation 的任何信号前后都没有任何变化。

二、前缀声音物件 Prefixer(工具)

　　前缀声音物件(Prefixer),对信号流图位于其左边的模块事件值加入一个前缀或者后缀来表明身份。这样可以区分使用相同事件值名称的不同参数区域。例如,我有 3 个 GrainCloud,都使用了!Amp,!PanJitter,!Density,!Frequency,!FreqJitter 和!GrainDur 变量值来控制,信号流图可能如图表 195 所示,

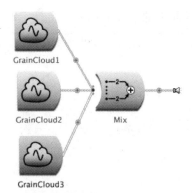

图表195 都使用了!Amp,!PanJitter,!Density,!Frequency,!FreqJitter和!GrainDur变量值的3个
GrainCloud

相应虚拟控制界面如图表196所示。

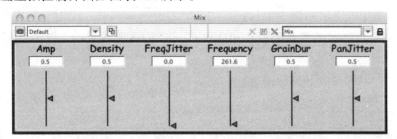

图表196 使用前缀(Prefixer)之前的虚拟控制界面

有两种方法可以区别包含在每个GrainCloud里面的事件值:一种方法是将每个参数区域的名字命名为唯一的名称,但是如果有很多事件值的话将会非常麻烦;另外一种方法就是使用Prefixer。你无需重新为每个事件值命名,只要将Prefixer放在每个GrainCloud的右边就可以。如图197所示。

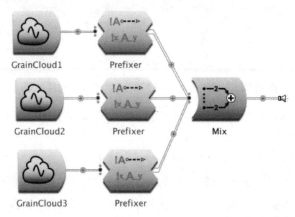

图表197 3个Prefixer分别对应3个GrainClouds,在信号流中位于其右端

Prefixer为虚拟控制界面上的事件值加入一个指定的"前缀"。

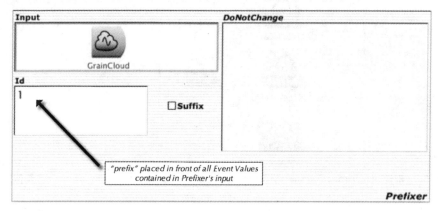

图表198　Prefixer的参数区域

在图表198所示的例子中,将"1""2"和"3"分别输入到三个对应的身份(*Id*)参数区域中。数字标识符号随后在相应的**GrainCloud**所包含的全部事件值名字的前方显示出来。

虚拟控制界面的结果如图表199所示。

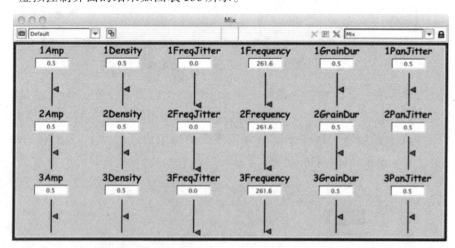

图表199　虚拟控制界面带数字标识符号的控制器

如果不想用标识符号来区别事件值,就将这些事件值的名字写入*DoNotChange*(不要改变)参数区域。

* * * * * * * * * * * *

酒店的门房专程跑到外面帮我打探**SOS**迪斯科舞厅的位置,虽然他还是非常坚持让我首先去体验一下他们酒店古巴风格的夜店。除了帮我问出租车司机舞厅的地址,他还用偌大的汉字把问题"您知道SOS迪斯科舞厅在哪里吗?"写在一张白纸上面,这样我就可以在大街上用纸条向人们问路。我觉得我问过的很多人都被这种方式吓了一跳。我也不知道挥着纸条在西安的大街上向陌生人问路的行为是否礼貌,或者很滑稽,我自己也笑了。

第十一章 采样编辑器（Sample Editor）

第一节 采样编辑器概述

采样编辑器（Sample Editor）可以用来编辑.aiff,.wav,SD-I,SD-II或者SF/IR-CAM/MTU音频文件格式,或者创建这些格式的新的音频文件[1]。编辑已有的音频文件,从文件（File）菜单中点击选项Open...（⌘O）,选择需要的音频文件。

在Sample Editor中打开一个音频文件的另一种方式,即在声音模块浏览器（Sound Browser）双击一个音频文件,或者在Sound Editor中按住Ctrl键并单击磁盘（Disk）符号。

Sample Editor中有两个部分:图形编辑器（上半部分）和生成器模板（下半部分）。Sample Editor如图表200所示。

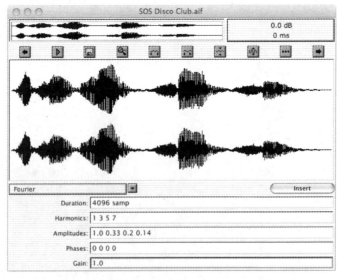

图表200　完整的 Sample Editor

---

[1]关于采样编辑器的更多细节介绍,请参见 *Kyma X Revealed* 手册第365页。

图形编辑器（Graphic Editor）是声音文件的振幅基于时间的图形化显示，用来编辑已有的声音文件。生成器部分提供了生成新声音文件的方法。

Graphic Editor有几个组成部分。窗口的顶端是整个声音文件的概况图（图表201）。

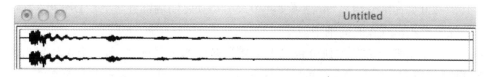

图表201　Sample Editor**的声音文件概况图**

概况图的右边，有一个区域/按钮（图表202）提供了关于采样数量、音频文件的整体或者所选部分的时长等基本信息。

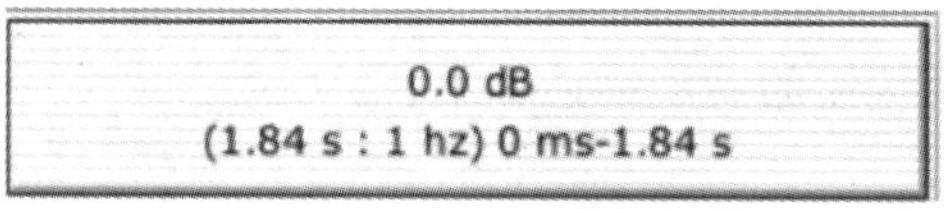

0.0 dB
(1.84 s : 1 hz) 0 ms-1.84 s

图表202　**当前音频文件的信息**

点击这个开关，可以在dB和线性计量尺之间，秒和采样点之间切换。

窗口的大面积部分，显示了音频文件当前所选区域的概况图，也是编辑音频文件的地方（图表203）。

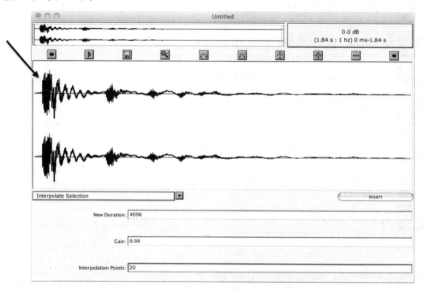

图表203　**箭头所指位置是编辑音频文件的地方**

如果要选择待编辑音频文件的一部分，则在编辑器中音频文件上通过点击并且拖动光标来选定。

　　剪切（Cut）、复制（Copy）、粘贴（Paste）、清除（Clear）或者修剪（Trim）（选项可以从编辑（Edit）目录中找到），需要先用光标选择音频文件的一部分，再进行编辑。音频文件的任何一部分都可以被直接剪切或复制到 Kyma 时间轴（Timeline）中（参见 195~220 页详细介绍）。声音频文件中被剪切和复制的部分将会以 DiskPlayer 声音物件的形式出现在时间轴中。

　　波形显示器上方的按钮分别代表了播放当前所选区域、粘贴一个文件到当前所选区域，或者控制音频文件的哪个部分，以及用怎样的方式来查看音频文件的所选片段（图表 204）。

图表 204　采样编辑器控制按钮

从左到右，每一个按钮的功能描述如下：

向左翻一页

播放当前选择的采样

粘贴磁盘文件到所选区域

用所选部分填充显示区域

缩小——显示声音文件的更多部分

放大——显示声音文件的更少部分

从振幅的角度收缩显示

从振幅的角度扩展显示

编辑头信息或者显示丽萨如（Lissajous）曲线

向后翻一页

第二节　生成器模板（Generator Templates）

在波形文件夹内（Kyma文件夹内可以找到），Kyma提供大量的波形。我们可能在振荡器、振荡器组、谷粒和采样云中用到这些波形。要提到一点，只有一些函数波形可以在Kyma中产生作用。但是Kyma向前迈进了一步，允许用户自行设计算法波形。

在Sample Editor下方部分，生成模版（Generator Templates）提供了很多方法通过算法产生新波形（图表205）。

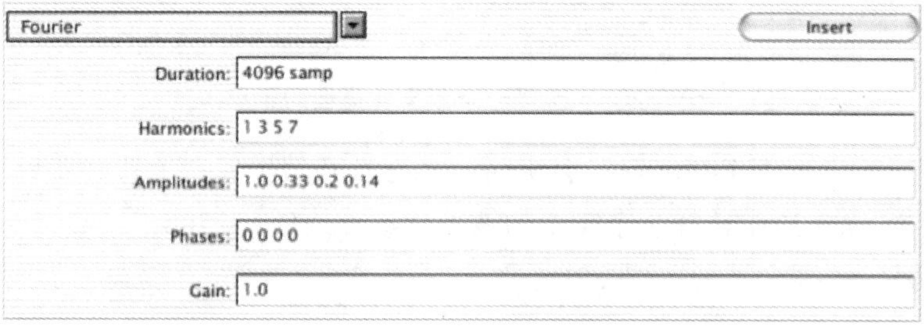

图表205　Sample Editor的波形产生器部分

位于波形产生器上方左边的目录有11个选择，其中有8个是产生新波形的算法：Buzz，Cubic Spline，Exponential Segment，Fourier，Impulse Response，Line Segment，Polynominal和Random；还有3个是修改已有波形的算法：Interpolate Selection，Normalize Selection和Window Selection。

因为Kyma使用含有4096个单独采样点的音频文件来确定一个波形。在振荡器、谷粒云、GrainClouds的 *GrainEnv* 参数区域中，以及SampleClouds的 *Duration* 参数区域等，所有这些算法通常被设定为4096个采样点。然而，任意长度的音频文件和波表可以被生成和用于Sample，Waveshaper，FunctionGenerator以及其他Kyma声音物件。

如果要生成新的波形，则从文件（File）菜单中选择新建[New(⌘N)]。选项框如图表206所示。

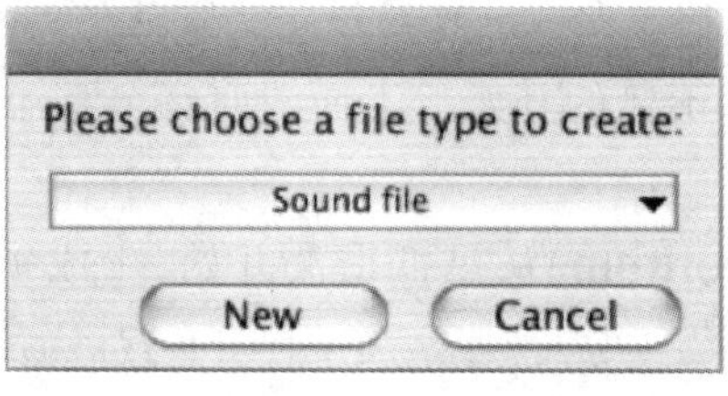

图表206　选择新文件类型的对话框

从这个菜单中选择Sample文件（图表207）。

图表207　选择一个新文件类型的菜单

一个新的Sample Editor窗口会出现。从这点开始生成一个新的波形：（1）点击三角形图标，从选项中选择一个需要的波形生成算法（图表208）。

图表208　算法选项框

（2）为所选算法设定相应参数，以满足所需设置——每个算法有自己的一套参数，虽然*Duration*参数对于所有的生成算法都是通用的。

（3）点击Insert按钮（位于Sample Editor的右边），将生成的音频文件放入Sample Editor中（图表209）。

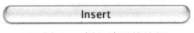

图表209　插入波形的按钮

如果新的波形没有立即出现在波形编辑器中，则使用缩小（Zoom out）按钮来检视整个音频文件（图表210）。

图表210　缩小（Zoom out）按钮（显示更多的音频文件）

当选中一个算法时，相应参数已经被设定为默认值。实践证明，适度改变这些参数的值进行实验，是个不错的开始。下面我对每个算法提供的附加信息加以说明（以目录的显示顺序）。

嗡嗡算法（Buzz algorithm）从最低谐波开始，生成指定数量的谐波正弦波。这个算法的参数为：*Duration*（时长）、*Number*（数量）、*Harmonics*（谐波）、*Lowest Harmonics*（最低谐波）、*Amp Base*（基频振幅）和*Gain*（增益）。*Duration*以秒或采样点为单位

（例如"4096 samp"），*Harmonics*典型地使用谐波整数，如１２３４５来指定波形的第一、第二、第三、第四和第五谐波。每个谐波的振幅都是*AmpBase*数值的谐波数次方。要修改波形的整体振幅则使用*Gain*参数。调整波形的整体振幅对于避免失真至关重要。

　　三次样条曲线算法（**Cubic Spline Algorithm**）基于一个样条的曲线（连接两个或多个指定点的曲线），即"贯穿一系列点形成"的曲线（取值范围是−1~1）算法生成一个波形，临时方位由*Segment Proportions*（*片段的比例*）参数来指定。算法的参数有：*Duration*（*时长*）、*Points*（*点*）和*Segment Proportions*（*片段的比例*）。

　　*Duration*以秒或采样点为单位（例如"4096 samp"），*Point*要求取值范围为−1~1，经过曲线要通过的点；我倾向选用−0.98~0.98。*Segment Proportion*的取值应该可以加至1，分段的数字总比结束点的序号小1。

　　指数分段算法（**Exponential Segments Algorithm**）基于一组指数曲线段，即"贯穿一系列端点形成"的曲线（取值范围是−1~1），算法生成一个波形。临时方位由*Segment Proportions*（*片段的比例*）参数指定。算法的参数为*Duration*（*时长*）、*Points*（*点*）和*Segment Proportions*（*片段的比例*）。*Duration*以秒或采样点为单位（例如"4096 samp"），*Point*要求取值范围为−1~1，经过曲线要通过的点；我倾向选用−0.98~0.98。*Segment Proportion*的取值应该可以加至1，分段的数字总比结束点的序号小1。

　　傅立叶算法（**Fourier Algorithm**）基于指定频率分量的振幅和相位来生成波形。该算法的参数包括：*Duration*（*时长*）、*Harmonics*（*谐波*）、*Amplitude*（*振幅*）、*Phases*（*相位*）和*Gain*（*增益*）。

　　*Duration*以秒或采样点为单位（例如"4096 samp"），*Harmonics*的设定是利用谐波分量数字１２３４５对应于第一、第二、第三、第四和第五谐波，相应的振幅（范围在−1~1之间）对应的声相用概念圆相角表示。以{Float pi}来表示π。算法表达式应该在一个花括号里，如{2 * Float pi}。对于要求大量谐波频率分量和/或获得非谐波频率分量的波形，最好修改程序下拉选项中的傅立叶程序模版。

　　文本文件算法（**FromTextFile Algorithm**）从一个文本文件（.txt）的单一栏读取数值到音频文件，每一个文件的数字体现为音频文件。落入−1~1之间的数值自动增长"标准化"靠近−1~1；在−1~1之外的数值被缩减"标准化"至−1~1。

　　对于本算法中唯一的参数*Column*（*分栏*），当读取文本文件是一个多栏文本文件时，*Column*指定读取的数据栏。

　　脉冲响应算法（**Impulse Response Algorithm**）生成特定滤波器的脉冲响应。此算法的参数有：*Duration*（*时长*）、*Number Formants*（*共振峰数量*）、

Center Frequencies(中心频率)、Bandwidths(带宽)、Amplitude(振幅)和Gain(增益)。

Duration以秒或采样点为单位(例如"4096 samp")。设定共振峰数量、中心频率和带宽时要使用整数。滤波器每个共振峰的相应振幅需要以dB来定义。如{0 dB}、{-12 dB}、{-29 dB}、{-26 dB}、{-35 dB}。

如果要修改波形的整体幅度,则使用Gain参数。调整波形的整体电平对于避免失真至关重要。

插入所选部分算法(**Interpolate Selection Algorithm**)对一个完整波形(音频文件)或者一个波形的所选部分做时间拉伸或时间压缩处理。插入所选部分算法可以将一个音频文件的单个周期拉长或者压缩到4096个采样点。所以它可以用于振荡器,或者任意的时长。该算法的参数有:New Duration(新时长)、Gain(增益)和Interpolation Points(插入点)。

New Duration以秒或采样点为单位(例如"4096 samp")。Gain参数调整振幅,Interpolation Points参数则指定应用于插值运算的采样点有多少。

直线分段式算法(**Line Segments Algorithm**)基于所谓"贯穿一系列点"的一条直线生成一个波形(范围为-1~1),点的临时方位由Segment Proportions参数指定。该算法的参数有:Duration(时长)、Points(点)和Segment Proportions(分段)。

Duration以秒或采样点为单位(例如"4096 samp")。Points的值要求在-1~1,直线应该经过这些值。分度的数量值应该比点的数量小1。

标准化所选部分算法(**Normalize Selection Algorithm**)将(音频文件)所选部分波形的振幅调整到Amplitude参数指定的数值。1.0的取值表示将振幅最大化。

多项式算法(**Polynomial Algorithm**)生成多项式,其x取值在所提供的音程范围中,其系数由Coefficients(系数)参数区域确定。该算法的参数为:Duration(时长)、Interval(音程)和Coefficients(系数)。

Duration以秒或采样点为单位(例如"4096 samp")。

随机算法(**Random Algorithm**)生成随机波形,其振幅取值在-1~1之间。此算法的参数是:时长Duration(时长)和Seed(种子)。

种子参数允许产生重复的结果。如果要生成不同的随机波形,则改变种子的输入值。

窗口所选部分算法(**Window Selection Algorithm**),修改已有波形,对指定数量的采样点执行淡入和淡出指令。

这个算法的唯一参数是Transition Duration(过渡时长),即进行淡入和淡出操作的采样点数量。

检视模版代码（Viewing the Template Code）

模版等级选项列表中还包含了二级选项 Programs，其中包含每一个模版类型的 Smalltalk 代码。你可以修改、应用这些模版的代码，而这些代码也可以作为新代码的模型。如果要保存你修改的波表生成器，就复制文本并粘贴到新生成的 Kyma 文本文件中。

* * * * * * * * * * *

今天早些时候，我出去找 SOS 迪斯科舞厅，在路上看到一行白发苍苍的老先生在一卷长长的宣纸上甚有激情地写书法。当我回酒店时，又看到了他们，此时已经有一大群人在围观他们写书法。我依然没有找到去 SOS 迪斯科舞厅的线索。如果我懂中文，或许能从这卷书法中获得舞厅位置的线索。

第十二章 特殊文件类型、编辑器以及使用此文件类型的声音模块

有些声音物件需要使用非音频文件的特殊文件类型。Kyma提供了制作和编辑这些文件类型的工具。接下来我们研究一下工具、功能、编辑器制作的每种文件类型,以及使用这些文件的声音物件。

第一节 分析和重合成——弦波集成 SumOf Sines (SOS)

一、分析的基本操作

分析和重合成的操作之中,首先要进行分析,从中得到声音的波谱信息。这些信息是后面用来控制其他合成方法的基础。弦波集成声音物件(SumOfSines)是基于这一分析和重合成模型的特殊声音制作方式。但是,在讨论SumOfSines之前,我必须首先介绍SumOfSines使用的Kyma声音文件——波谱文件。

波谱文件是一种特殊的Kyma文件,从已有的声音文件中提取。波谱文件中包含可以直接适用于声音合成的数据,或者经过修饰后可用于声音合成的数据。制作频谱的过程大致如下:Kyma监测声音文件开头几毫秒的频率分量(以及相应的振幅),并记录这段时间内的相关信息。然后,Kyma平移到下一个几毫秒的时间段,用相同的分析流程来记录信息。这个过程重复地进行,直到分析完整个声音文件,最后得到一个包含原始声音文件每个时刻的频率谱(同时也包含振幅信息)文件。

Kyma"记录"下来的数字可以大致这样理解:

分音 252　　频率 = 14,265.34 Hz　振幅 = 0.003

⇧

分音 6　　　频率 = 812.391 Hz　　振幅 = 0.12

分音 5	频率 = 567.12 Hz	振幅 = 0.152
分音 4	频率 = 289.2 Hz	振幅 = 0.178
分音 3	频率 = 198.64 Hz	振幅 = 0.192
分音 2	频率 = 101 Hz	振幅 = 0.223
分音 1	频率 = 50 Hz	振幅 = 0.41

Kyma形象地将每一个分音表示成一个包络在时间轴上的展开，而每个时刻上的包络都是此时所有频率分量信息的集合。

按下Option并点击SumOfSines参数区域内的磁盘符号（或者直接通过声音模块浏览器）来打开一个波谱文件，出现波谱编辑器窗口。波谱编辑器是Kyma为方便用户浏览和修改波谱文件而提供的编辑器，波谱文件描述了时域上正弦波频率和振幅分量信息。这种类型的文件称作波谱文件，以 .spc 作为文件后缀。波谱编辑器如图表211所示。

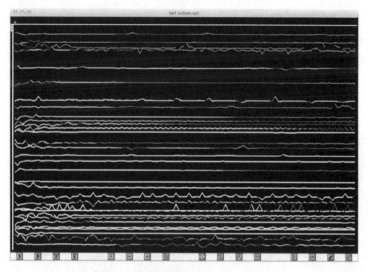

图表211　波谱编辑器（Spectrum Editor）

从水平方向上来解释，波谱编辑器显示的一组包络（称作轨道）描述了随时间推移正弦波成分的频率和振幅变化。从竖直方向上来解释，波谱编辑器显示了一组在某一个时间点所包含的频率以及其振幅信息的组合（称作帧）。

图表211在水平方向形象地表达了——时间从左至右推移；频率从下（低频）到上（高频）顺序分布；振幅信息由颜色来表达：亮色，如黄色、绿色代表振幅数值大；蓝色和紫色代表振幅值较小；红色代表振幅数值最小。

变换视角可以更明确地理解竖直方向所要表达的内容（图表212）。

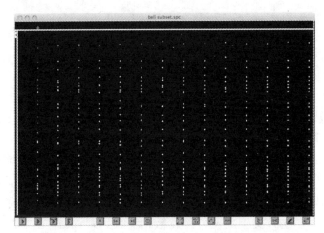

图表212　这个角度显示竖直方向的(帧)更为清晰

如果要放大波谱文件的某个部分,则按住Option键将光标变成一个放大镜,再拖动放大镜选择波谱文件中需要放大的区域即可。

如果需要将视窗最大程度放大,则点击位于波谱编辑器底部一行的16个按钮当中的"最大程度放大"(all the way out)图标(图表213)。

图表213　最大程度放大的按钮

如果要选中单独一轨,只需要点击它。要选择多个不相邻的轨道,则在按下Shift的同时点击需要选择的轨道。选择多个不相邻的区域,按下Shift同时拖动选择所需要的区域。选择第1~10轨道,输入键盘上的数字即可(0代表数字10)。用Up或者Down按键选择与当前轨道相邻的轨道。

无论选了区域还是轨道,一旦做出选择系统就会立即自动播放所选部分。

为了辅助选择过程,可以对波谱文件使用检索操作(Scrub)。检索波谱文件,点击黄色的时间光标并移动。默认的最大检索速度是"一倍速"(原始录音速度)于波谱文件。如果要用快于录音的正常速度检索,则按下Shift键并拖动光标。如果想要步进检索波谱文件中的每一帧,则用Left(左)或者Right(右)键①。

要使用预定义的选项,则点击"选择轨道"按钮(图表214)。

图表214　基于多种标准的轨道预定义选择

①MIDI弯音指令也可以用作检索频谱文件的命令信息。

　　选择的区域或者轨道可以做删除、修改，或者复制到新的波谱文件中，这个新的波谱文件是原波谱文件的子集。

　　如果要制作一个当前分析文件的子集文件，只需要选定理想轨道或者区域进行复制。执行此操作后将产生一个对话框要求存储被选部分。一旦存储完成，复制的波谱文件就可以被粘贴到声音文件窗口中。方便起见，Kyma将新的波谱文件子集放到SumOfSines中以备播放。

　　如果要将所选部分的振幅归零，则选择菜单Edit中的Clear。这就将波谱音频所选部分的振幅设置为零，轨道的数目保持不变。这一操作的逆向指令是Trim指令（在Edit菜单下），将未选中部分的振幅设置为零。

　　如果要删除所选部分，则按下delete键。删除指令删除了分析文件中的所选轨道，因此也就改变了轨道数目。

　　修改波谱文件的方式除了删除轨道或者将波谱文件的振幅置零，还可以点击如图215所示的按钮来修改波谱文件。

图表215　修改轨道的多种方法

　　点击此按钮将出现一系列可对波谱文件进行操作的指令，包括的算法如缩放、求平均值、平滑处理、锐化振幅，以及对频率的平滑变化、随机化、琶音化或者变形操作。

　　可以用稍微不同的方式来定义和删除波谱文件的时间段，即使用开始和结束标记来确定波谱文件的时间段。

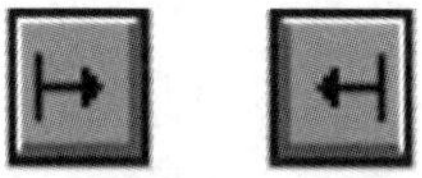

图表216　开始和结束的标记按钮

　　如果要试听指定时间段部分，则点击"播放标记处"按钮（图表217）。

图表217　播放开始和结束标记之间的部分

　　如果要删除定义的时间段部分，就点击剪刀按钮（图表218）。

图表218　删除波谱文件中的时间段

如果要永久保存所做的修改,则选择File文件菜单下Save(⌘S)或者"Save as..."。

如果要确定文件中某个数据点的值,就将光标移到对应数据点上。相应的信息,如轨道号、声音分析文件中的对应时间点、振幅和频率值,都在波谱编辑器的顶部以白色字体显示(图表219)。

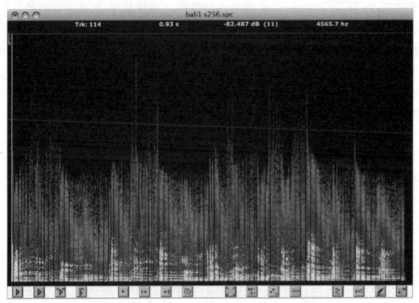

图表219　关于轨道号、时间点、振幅和频率的数据

波谱编辑器底部的16个按钮功能信息表述如下:

回放所有轨道

回放所选区域或轨道

回放文件标记之间的部分(如果存在)

回放开始标记之前的部分

将标记放在检索条处

将开始标记放在检索条处

将结束标记放在检索条处

设定前卷时间和后卷时间

放大至最大

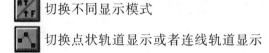 切换不同显示模式

切换点状轨道显示或者连线轨道显示

从一系列轨道选择算法中选择

从一系列轨道修改算法中选择

移除开始和结束标记之间的文件内容

打开基于当前编辑波谱文件状态的声音库

如果要制作一个新的波谱文件,则选择 Tools 菜单下的 Spectral Analysis 工具。点击选择波谱分析后会跳出一个对话框,如图表220所示。

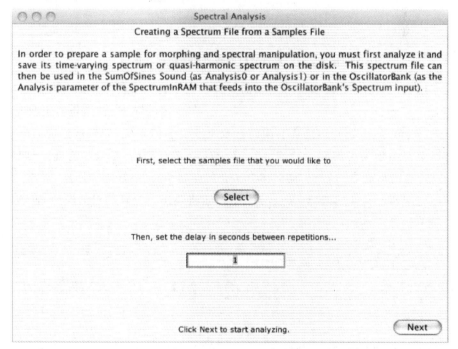

Spectral Analysis

Creating a Spectrum File from a Samples File

In order to prepare a sample for morphing and spectral manipulation, you must first analyze it and save its time-varying spectrum or quasi-harmonic spectrum on the disk. This spectrum file can then be used in the SumOfSines Sound (as Analysis0 or Analysis1) or in the OscillatorBank (as the Analysis parameter of the SpectrumInRAM that feeds into the OscillatorBank's Spectrum input).

First, select the samples file that you would like to

Select

Then, set the delay in seconds between repetitions...

1

Click Next to start analyzing.

Next

图表220 初始波谱分析窗口

如果要选择一个音频文件进行波谱分析,则点击Select按钮。这个操作将打开一个文件对话框,在对话框中选择一个音频文件。找到需要的音频文件,并且点击Next按钮进入下一步。

在多项选择的方式中,下一步操作包括提供最低频率的相关信息,以及声音的瞬间特征(是否有锐缘起音)。

图表221　声音分析的各方面参数指定窗口

在这个窗口中(图表221)，Kyma需要提供关于音频文件频率成分和起音特点的信息。首先，Kyma要确保所有频率都比一个特定的频率高，这里有五种选择。接下来，Kyma还需要知道是否有瞬时振幅跳变。总体来说，如果被分析的声音有马林巴类打击乐类型的起音特征，那么*BestTime(最佳时间)*是最好的选择；如果被分析声音有缓慢起音的特点，那么 *BestFreq(最佳频率)*是最好的选择。

做完这两个属性的选择后，点击Next按钮将跳出一个新的对话框(图表222)。

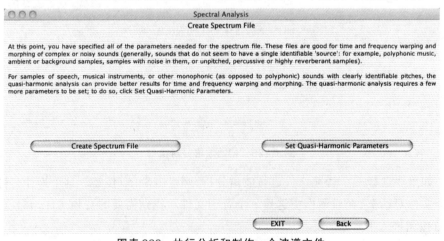

图表222　执行分析和制作一个波谱文件

在这个窗口中，点击Create Spectrum File按钮，一个新的对话框跳出，用户在对话框中确定文件的名字以及文件存储位置。随后Kyma在下面的窗口中显示分析过程的执行进度(图表223)。

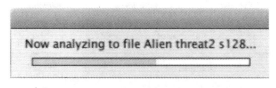

图表223 显示执行文件分析过程

一旦至少生成了一个波谱文件,SumOfSines的强大功能就有了用武之地。Kyma将所有用相同方法生成的波谱文件载入SumOfSines以及相关的其他声音物件中展示波谱文件的各种使用方法。这些生成的例子为我们能很好地使用SumOfSines以及波谱文件的声音潜质做好准备。

二、分析的进一步操作——制作和声波谱分析

分析过程的前两步要产生波谱文件,一旦完成这两步,Kyma就可以进一步实现和声波谱的制作。进一步操作步骤包括:分离声音文件中有调和无调的部分;识别和追踪基频;定义基础音高。应用于分类加法合成(Group Additive)分析文件而制作波谱文件,是和声波谱文件的用法之一(参见159~161页)。

要将音频文件中的有调和无调成分分离,则缓缓向上移动分析界面上的控制器,直到声音中可识别的音高成分被消除,仅留下无音高的咔嗒声、刮擦声和存留的其他噪音。按住Shift键并移动控制器可进行微调。当仅仅听到声音的无调成分时,点击Next按钮。下一步骤是识别基频,以及画出追踪基频的包络。Kyma可自动识别它所判断的基本包络。如果Kyma的识别结果不正确,那么它还提供了一系列补救项目以使基频能被识别和跟踪(参见*Kyma X Revealed*中175~180页)。

一旦基频被识别和追踪,就点击Create Quasi-Harmonic Spectrum File按钮。需要向Kyma提供一个基础音高,以便其进行下一步响应。一旦文件被保存,和声波谱文件将以"h.spc"为后缀显示文件名。为了协助声音设计开发,Kyma在这个过程的最后生成了两个声音模块例子。

三、基于分析的重合成

SumOfSines基于两个波谱文件的关系进行声音重合成。SumOfSines同时也提供时间伸缩和实时检索分析文件的功能。让我们从SumOfSine的参数区域(图表224)开始了解SumOfSines是如何执行操作的,理解它的其他功能。

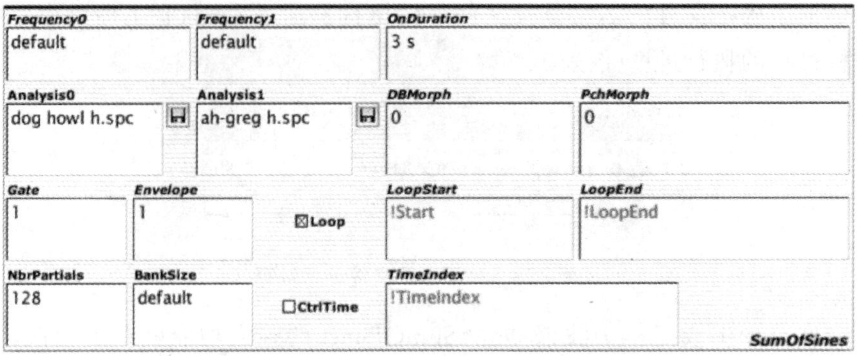

Frequency0	Frequency1	OnDuration	
default	default	3 s	

Analysis0	Analysis1	DBMorph	PchMorph
dog howl h.spc	ah-greg h.spc	0	0

Gate	Envelope		LoopStart	LoopEnd
1	1 ☒Loop		!Start	!LoopEnd

NbrPartials	BankSize		TimeIndex
128	default ☐CtrlTime		!TimeIndex

SumOfSines

图表 224   SumOfSines 的参数区域

首先,请注意标注 *Analysis0* 和 *Analysis1* 的地方包含两个波谱文件,SumOfSines 在这两个文件提供的波谱之间变化,从而可以产生新的波谱。如果 SumOfSines 回放时 *DBMorph*(音量变形)和 *PchMorph*(波谱变形)参数区域的数值都设置为 0,那么回放时只能听到 *Analysis0* 的声音。如果 *DBMorph* 和 *PchMorph* 参数区域的数值都设置为 1,那么回放时只能听到 *Analysis1* 的声音(如图 225)[①]。

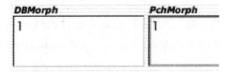

DBMorph	PchMorph
1	1

图表 225   *DBMorph*(振幅)和 *PchMorph*(频率)参数区域

然而,如果 *DBMorph* 和 *PchMorph* 参数区域的数值都设置为 0.5,那么将生成一个"子系"分析文件,其振幅和频率特性基于两个"父系"分析文件 *Analysis0* 和 *Analysis1*。此外,如果 SumOfSines 由 CapyTalk 表达式:

1 ramp: 5 s

来控制其两个变形参数(图表 226),5 秒的时间内将完成从 *Analysis0* 到 *Analysis1* 的变形。

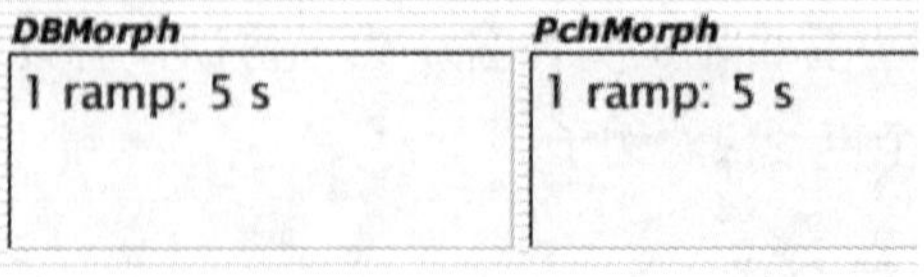

DBMorph	PchMorph
1 ramp: 5 s	1 ramp: 5 s

图表 226   *DBMorph* 和 *PchMorph* 用 CapyTalk 表达式来实现变形

另外一种方法是将控制器(!Morph)输入到两个参数区域内,就可以用任意长

①将 DBMorph 视作与频谱文件中包含的振幅值相关,而将 PchMorph 视作频谱文件中包含的频率值相关。

时间来实时地控制变形过程（图表227）。

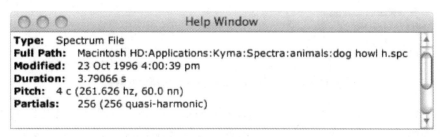

DBMorph	*PchMorph*
!Morph	!Morph

图表227 实现变形的虚拟控制

最后，读者还可以在*DBMorph*中输入0，在*PchMorph*中输入1，这样处理得到的新分析文件的振幅信息使用*Analysis0*，频率信息使用*Analysis1*。该处理方法应用于处理一个振幅变化显著的分析文件（如一段讲话）和一个音色特点明显的分析文件（如铃的声音）时效果显著。这个假设例子的处理结果听起来像是用铃铛一样的音色讲话。

不同于采样，分析和重合成方法中音高的变化可以不影响声音的时长，这也是它另一方面的吸引力。*Frequency0*和*Frequency1*是控制分析文件频率的两个参数区域。回放文件的时长由*OnDuration*（播放时长）参数区域来控制。这样就可以做到改变声音的回放时长，例如变为原有时长的一半或两倍，声音的音高却可以保持不变。如果要查看原始声音文件的长短，则按住Shift键点击磁盘图表，弹出以下窗口（图表228）。

```
○○○                    Help Window
Type:       Spectrum File
Full Path:  Macintosh HD:Applications:Kyma:Spectra:animals:dog howl h.spc
Modified:   23 Oct 1996 4:00:39 pm
Duration:   3.79066 s
Pitch:      4 c (261.626 hz, 60.0 nn)
Partials:   256 (256 quasi-harmonic)
```

图表228 SOS信息窗口

如果勾选*CtrlTime*（*控制时间*）参数，控制器（!TimeIndex）放置于*TimeIndex*（*时间索引*）参数区域，该设置允许用户实时检索分析文件（图表229）。实时检索波谱分析文件是发掘蕴含在分析文件中的美妙时刻，以及体验"音乐之旅"的绝佳方法。

	TimeIndex
⊠**CtrlTime**	!TimeIndex

图表229 *CtrlTime*复选框

控制这些参数大大提高了表达方式和控制能力。所以我猜SOS迪斯科舞厅里大家跳舞的伴奏音乐一定都是用SumOfSines声音物件创作的……但是我还没办法证实这一点，因为我还没找到舞厅。或许明天就能找到了。

四、振荡器组声音物件（OscillatorBank）

波谱文件也可以用来控制振荡器组声音物件（OscillatorBank）。Oscillator-Bank是由许多振荡器组成的声音物件，每个振荡器的振幅和频率都是由波谱文件或者波谱源控制的[①]。基本的信息流图包括OscillatorBank以及OscillatorBank的参数区域，如图表230所示。

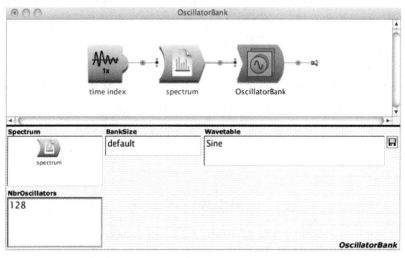

图表230　OscillatorBank的基本用途以及参数

在OscillatorBank中，*Spectrum（频谱）*参数区域接收到声音物件，将其作为波谱资源的输入——频谱在同一个声音物件中选定。*NbrOscillators（振荡器数量）*参数区域指定有多少振荡器用于重合成频谱源（振荡器的数量越多，运算负担越重）。*Wavetable（波表）*参数区域指定所有振荡器需要的合成波形。如果要重合成的声音与原波谱文件相近，就选用正弦曲线；但也不是必须使用正弦曲线。任何波形都可以作为重合成波谱的波形，然而波形越复杂，波谱分量空间就越拥挤，效率也就降低。我建议大家尝试"锯齿波"文件夹中的一些波形，文件夹里有多种不同的锯齿波。例如，音频文件"Saw0004"是含有4个分音的锯齿波。

①Kyma可以实时地产生频谱文件，或者由几种方式提供频谱文件素材。例如，LiveSpectralAnalysis接收到一个音频输入，并由它产生一个相应的频谱文件，即被称作频谱源。SyntheticSpectrumFromSounds产生一个合成频谱，其振幅、频率都由两个输入的声音模块控制。其他的"频谱源"包括MultiSpectrum，SpectralShape，SpectrumFromSingleCycle，SpectrumOnDisk，SyntheticSpectrumFromArray和SpectrumInRAM。

通常情况下,频率和振幅都可以在波谱源物件内部控制。这些参数区域常被命名为 *Frequency* 和 *Level*(控制总体振幅和所有分音)。图表231显示了波谱内存声音物件(SpectrumInRAM)的参数区域。

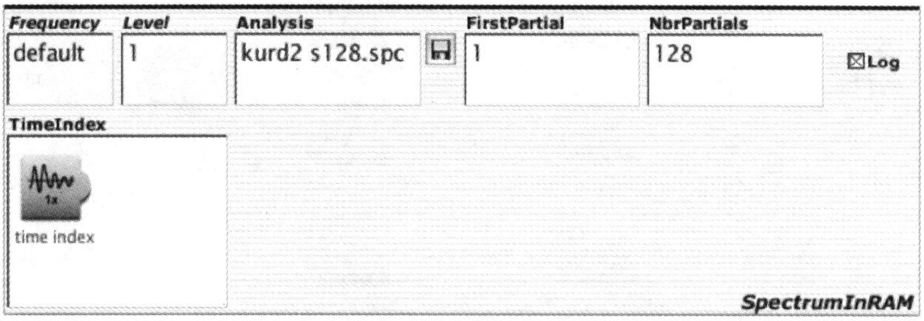

图表231　**SpectrumInRAM 的参数区域**

也请注意 *FirstPartial*(*第一分音*)参数区域(图表231),通常设置为1,表示重合成将从波谱文件或者其他波谱源的第一个轨道开始。这个数值可以设置为比1大,重合成分音以这个值开始,其效果就像添加了一个超级"砖墙式高通滤波器"。

波谱文件的读取速度取决于 *TimeIndex*(*时间索引*)参数,这个参数接收波谱源作为其输入。通常情况下,一个声音物件收到的输入在 *TimeIndex* 参数区域的数值可能用一定时间从−1变化到1。这一发展可能依赖于包含事件值或者 CapyTalk 表达式的一个常量:

!TimeIndex (产生VCS控制界面实现实时检索)

(!PenX * 2) −1 (产生VCS控制界面实现实时检索)

1 fullRamp: 7 s (用7秒从头至尾播放波谱文件)

1 repeatingFullRamp: 7 s (以7秒为一个循环从头至尾播放波谱文件)

但是以上线性处理,或者实时处理并不是唯一的方法;带有不确定性结果的表达式,如下面这个表达式例子也可以输入到常量声音物件(Constant)的参数区域:

2 s random smooth: 2 s

另外一种方法,使用实时波谱分析声音物件(LiveSpectralAnalysis)实时地分析声音信号,和生成波谱分析来驱动 OscillatorBank。在图表232中,我分享了一个将音频源送入4个 LiveSpectralAnalysis 的例子,每个 *Frequency*(*频率*)参数中包含不同的数值,此例就能实现我一个人唱出和声的效果(捂住你的耳朵)。

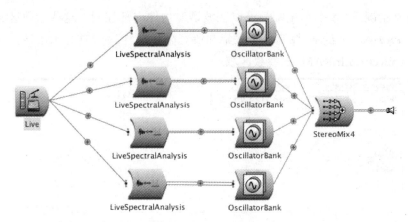

图表 232　一个音频信号发送到 4 个 LiveSpectralAnalysis 声音物件

其他用到波谱文件的声音物件包括 CloudBank，FilterBank，FormantBank，还有加法合成衍生出的聚集合成技术（Aggregate Synthesis）。

第二节　聚集合成（Aggregate Synthesis）

Kyma 提供了传统加法合成的延伸方法——"聚集合成"（Aggregate Synthesis）。在聚集合成中，基本的部分聚集在一起，被用来制作更复杂的音色。聚集合成不用振荡器（如在振荡器组中），而是用谷粒云、带通滤波器组，或者一组合成单元（合成的脉冲响应）来制作复杂波谱，复杂波谱的频率和振幅由波谱源控制，这个波谱源还同样控制着 SumOfSines 和 OscillatorBank。聚集合成模型在三个声音物件中实施：云组声音物件（CloudBank）、振荡器组声音物件（FilterBank）以及共振峰组声音物件（FormantBank）。我对它们每个进行简要介绍。

一、云组声音物件（CloudBank）

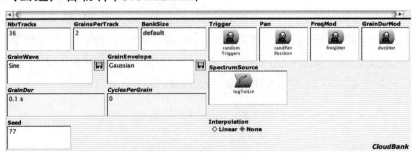

图表 233　CloudBank 的参数区域

聚集合成模型借助CloudBank实现（图表233）产生了一系列独立的谷粒数据流，其中心频率和振幅由包含在波谱文件或其他波谱源轨道中的频率和振幅信息决定。例如，波谱文件中轨道1的频率和振幅信息控制着一个数据流（或云），波谱文件中轨道2的频率和振幅信息控制着下一个数据流等等，以此类推。默认的轨道数目是36（*NbrTracks*），每个轨道默认的谷粒数是2（*GrainsPerTrack*）。

谷粒内部的波形、谷粒的包络以及谷粒的时长都有各自的参数区域控制，当触发一个谷粒时，谷粒的立体声声相位置、频率和谷粒时长偏离量就由接受声音物件作为输入的参数区域控制。这些参数区域中的*Trigger*（*触发*）参数在接收到比0大的数字时，将会触发一个新的谷粒。对于随机触发开始时间，要选用白噪声作为*Trigger*的输入。*Pan*（*声相*）指定了每个谷粒的立体声声相位置（0代表最左边，0.5代表中间，1代表最右边）。*FreqMod*调制中心频率（从*SpectrumSource*中获取），当*FreqMod*值设置为最大时，输出的频率范围可以达到0 Hz到中心频率两倍的频率值。被调制频率取决于每个谷粒的初始状态，一旦运行，该谷粒的频率便不会在过程中改变。*GrainDurMod*（*粒子时长调节*）调制*GrainDur*参数区域[或者*CyclesPerGrain*（*每个粒子所含周期*）参数区域]，其输出的范围可达到0到*GrainDur*（或者*CyclesPerGrain*）参数区域输入值的两倍。

如果在常量声音物件中输入一个CapyTalk表达式，然后将常量声音物件粘贴到其中的一个参数区域中，常量声音物件中的表达式便是控制代理。

二、滤波器组声音物件（FilterBank）

聚集合成模型由不同的滤波器组声音物件（FilterBank）（图表234）组成，将输入信号通过一系列的带通滤波器处理，每个带通滤波器的中心频率和振幅由波谱源的频率和振幅包络控制。

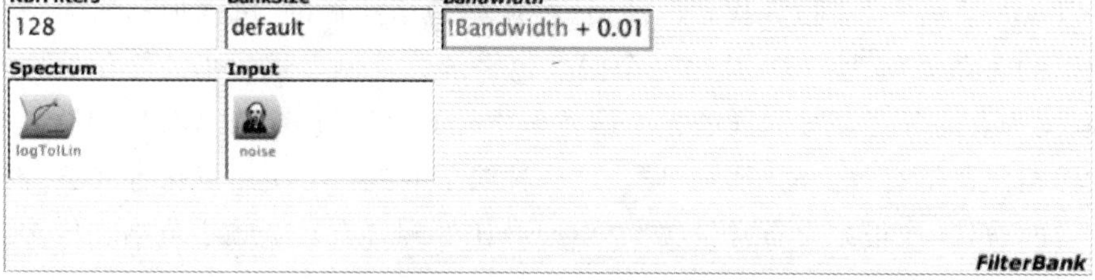

图表234 FilterBank 的参数区域

所有滤波器的带宽都可以用*Bandwidth*（*带宽*）参数区域中的数值来控制。数值范围是0~1，0.01代表很窄的带宽，0.9代表较宽的带宽，滤波器组中的滤波器数量由*NbrFilters*（*滤波器数量*）参数区域控制，其数值应该小于或等于波谱输入中的分音数量。

三、共振峰组声音物件（FormantBank）

应用于FormantBank（共振峰组声音物件）聚集合成模型是由一系列的脉冲响应合成，每个脉冲含有自己的振幅和频率包络，附加一个共振峰频率控制，并独立于基频的控制。图表235所示为FormantBank的参数区域。

Frequency	ScaleFormant	ImpulseResponse
!LogFreq nn	!ScaleFormant	LinearEnvelope

NbrFormants	BankSize	Spectrum
44	default	spect

NbrImpulses		
default	☐AllowDC	FormantBank

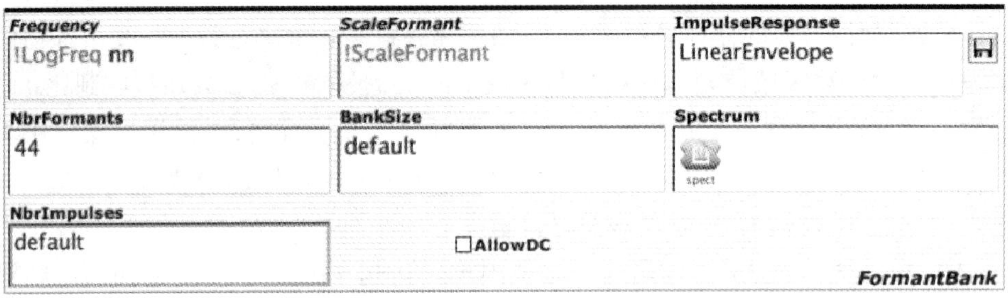

图表235　FormantBank的参数区域

我建议在 *ImpulseResponse*（*脉冲响应*）参数区域尝试不同波形。

第三节　分类加法合成（Group Additive Synthesis）

分类加法合成是一种与分析/重合成模型相关的声音合成方法，但是使用的内存以及计算负载都减轻很多。

分类加法合成的过程从已有的和声波谱文件（h.spc）开始。GA分析工具（可以在 Tools 菜单中找到）查找和声波谱，将振幅包络相似的，可以加和成为一个复杂波形的正弦波归为一类，并用一个振幅包络统一控制。进一步的简化处理方法是，假设所有的分音都被同样的频率偏差包络控制进行过滤。GA分析的结果与波谱文件相比通常有较大的听觉差异。这一种简单的处理方法还意味着，GA分析合成特定的声音（像很多含有常量频率分量）会比处理含有较宽频率范围和较多波谱变化（如演讲录音）的声音效果更好。

当打开 GA Analysis from Spectrum 这个窗口时，Kyma 询问如下三个信息（图表236）。

GA Analysis from Spectrum

Creating a GA Analysis from a Harmonic Spectrum File

The group additive synthesis oscillator (GAOscillator) resynthesizes a Sound from a small set of waveforms. It offers many of the advantages of sampling and sine wave resynthesis: it is possible to time scale and pitch shift, as well as morph, while not being as computationally expensive as resynthesis.

In order to prepare samples for use with the GAOscillator Sound, you must first create a GA analysis file from a spectral analysis file of a sample.

This tool takes you through the steps of creating the GA analysis file.

Spectrum file to analyze:	<NONE>	Browse...
Number of harmonics:	32	
Number of waveforms:	3	

Create GA file

图表 236　和声波谱窗口的 GA 分析

首先,必须选择一个和声波谱。要选择一个和声波谱,则点击 Browse...按钮,选择要进行 GA 分析的和声波谱。和声波谱的后缀是:h.spc。

其次,必须设定 GA 分析所需的波谱文件和声数量。

第三,必须指定试图表示原波谱文件的波形数量(当前最大数量为 10)。

从分析中真正产生的文件是 .aif 文件,每个文件中含有 4096 个采样点,表示一个 GA 波形,结尾的数据是 GA 波形的元数据。图表 237 所示为用 10 个波形(上限值)合成的 GA 分析。

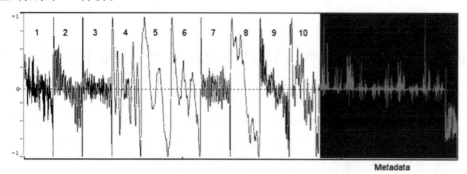

图表 237　GA 分析的画面

按住 Control 键点击磁盘文件符号并不能打开文件编辑器(Kyma 不提供 GA 分析的文件编辑,而且我们也不需要)。

"GA 分析播放器"被称为 GAOscillators,其参数区域如图表 238 所示。

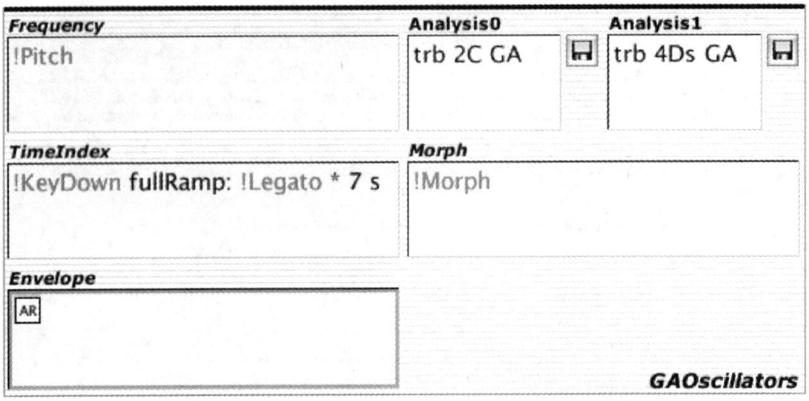

图表 238　GAOscillators 声音物件的参数区域

请注意，GAOscillators 和 SOS 声音物件的参数区域具有相似性。二者都提供 *Analysis0* 和 *Analysis1* 参数区域以实现两个分析之间的变形；GAOscillators 和 SumOfSines 都含有 *Frequency*（频率）、*TimeIndex*（时间索引）和 *Amplitude*（*Envelope*）[振幅（包络）]参数区域。GAOscillators 的优势在于，其消耗的运算资源仅仅是 SumOf-Sines 的一小部分。我喜欢它在音乐上的优点就是其变形功能。使用下面的输入表达式：

!KeyDown ramp: 2 s

我们听到的结果将是：*Analysis0* 中所包含的 GA 分析文件的音色将用两秒钟的时间变形成为包含在 *Analysis1* 中 GA 分析文件的音色。

第四节　共鸣器/激励器[Resonator/Exciter（RE）]分析和重合成

共鸣器/激励器分析和重合成是一种合成形式，首先使用波谱分析，然后用减法合成的分析进行重合成。与 Kyma 系统中其他的制作声音和塑造声音的合成技术类似，共鸣器/激励器分析重合成也是以获取现有音频文件的控制数据开始。

RE 合成中要制作两个文件：一个用来控制时变滤波器（RE），另一个代表输入到时变滤波器中的激励信号（EX）。时变滤波器被称作共鸣器 REResonator，其输出由 RE 分析文件控制。图表 239 所示为 REResonator 的典型信号流图。

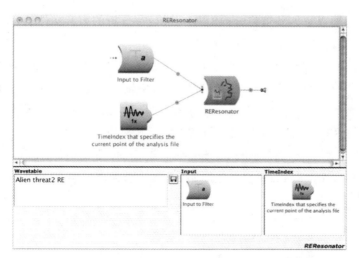

图表239　REResonator 的参数区域，以及可能出现的一种信号流图

REResonator 是由 *Wavetable*（*波表*）参数区域中 RE 分析控制的滤波器。EX 相关的文件基本上是 REResonator 的输入。二者加和起来使用，RE 和 EX 文件可以很容易地还原原始声音——但是这没什么奇怪的。然而，如果将原始输入信号（EX）用其他输入信号替换，那么一个声音的波谱特性就会被另外一个声音影响[1]。到这一步，我们的创作有所进展了。

要制作一个 RE 分析，则选择 Tools 菜单下 RE Analysis，RE 分析工具将被打开（图表240）。

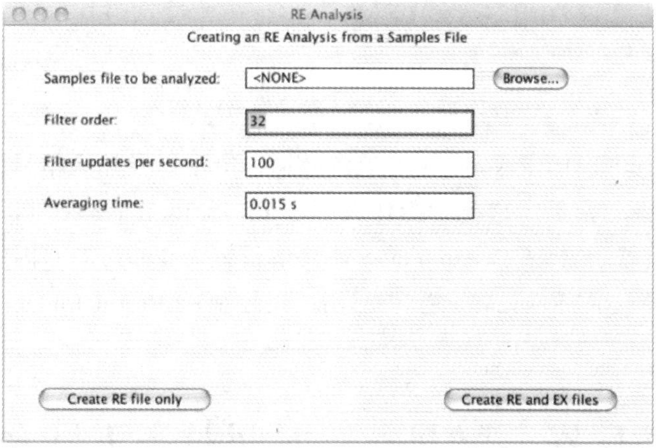

图表240　RE 分析工具

---

[1]Resonator/Exciter 分析与重合成类似于声音编码，不同之处是声码器使用了大量的带通滤波器，而 Resonator/Exciter 分析和重合成使用了一个响应激起多个峰值（时变）的滤波器。

Kyma需要以下四条信息来演奏RE分析：待分析的声音文件名、滤波器阶数、滤波器每秒更新次数，以及求平均值的时间。

Filter order（*滤波器阶数*）参数区域中输入的数值大致与波谱包络中所含峰值数相对应。*Filter updates*（*滤波器更新*）参数区域中输入的值与滤波器每秒更新系数（当合成进行的时候）相对应。*Averaging time*（*求平均值时间*）参数区域中输入的值与每个波谱包络的"快照"中应当分析波形的量相对应。

最后一步是二选一：Create RE file only 或 Create RE and EX files。如果选择 Create RE file only，Kyma将自动把原始EX输入替换成白噪声（图表241）。

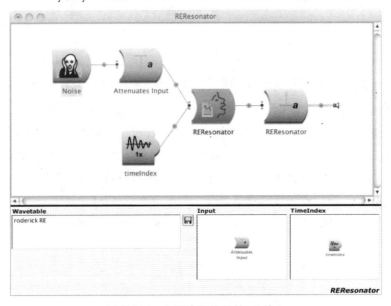

图表241　白噪声替换原始EX输入

重要的一点是，REResonator对于信号输入电平以及输入信号的振幅相当敏感，必须设置得非常低。这就是为什么图表237所示，在 Noise 和 REResonator 之间加入了衰减器声音物件（Attenuator）（数值设置为0.001）的原因。同时还要注意，电平控制紧接REResonator之后而设置，以控制REResonator的总体回放电平。

第五节　TAU——时间对齐工具

TAU是修饰、变形、重合成工具，可以临时调整振幅、频率、格式，同时也可以混合或变形不同的带宽包络，以获取难以置信的细致音色。TAU是有点类似弗兰肯斯泰因(Frankenstein)的工具,不同之处在于这里不是将一个人的脑袋,另一个人的大脑和第三个人的身体组合成为一个新的生命体,而是将一个声音的振幅特性和第二个声音的频率特性以及第三个声音的共振峰特性组合在一起,制造"怪异"而有趣的结果。

创造此参数信息,需要一个已有音频文件的分析,即提取振幅、频率、共振峰和带宽变换的包络信息。这些包络都包含在一个被称作PSI的文件中(发音为"sy"或者"sigh")。

DAO(道)到TAU的变化就从这样一个分析开始。我们来具体了解其操作过程。

一、Tau 编辑器

首先,选择File菜单中的New(⌘N)来新建一个Tau文件。菜单如图所示(图表242):

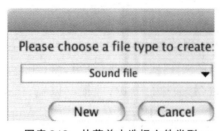

图表242　从菜单中选择文件类型

图表243　选择文件类型的菜单

从菜单中选择Tau文件(图表243)。

选择了Tau文件后会显示一个新的窗口,它包含一系列按钮和标签。这个窗口就是Tau编辑器。如果要实施一个分析过程,就将音频文件从声音浏览器(不是查找工具Finder)中拖入到Tau编辑器的深灰色中央区域中(图表244)。

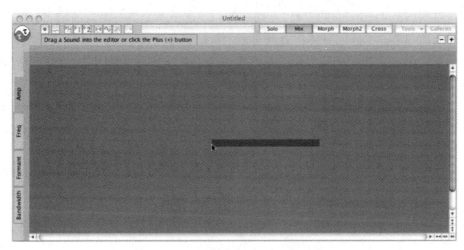

图表 244   将音频文件拖入 Tau 编辑器中

执行"拖入"操作后将产生一个对话框,以保存.psi文件①。事实上,任何Kyma声音模块都可以拖到Tau浏览器中,浏览器首先将此声音模块录制到磁盘中,并以.aif格式和特定时长保存文件,之后会执行PSI分析并生成一个.psi文件。

一旦点击Save按钮,就会执行分析,即提取振幅、频率、共振峰和带宽包络。要浏览每一种包络,则点击Tau编辑器左边相应的"Amp""Freq""Formant"或者"Bandwidth"标签(图表245~247)。

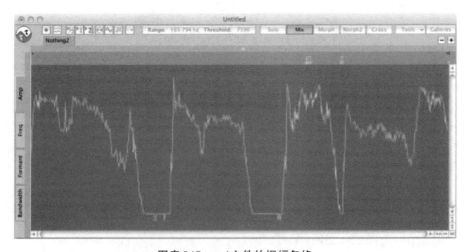

图表 245   psi文件的振幅包络

①PSI是Period Spectrum Identification(阶段频谱识别)的缩写。

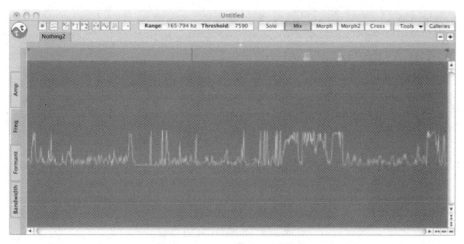

图表246　psi文件的频率包络

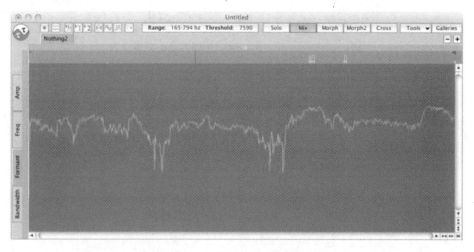

图表247　psi文件的共振峰包络

　　同样的分析过程也可以通过点击位于Tau编辑器右上角的加号"+"执行。

　　有时Tau分析工具生成的.psi分析文件听起来很模糊或者不正确,这很可能是因为分析不能确定基频所在的八度,结果造成的分析文件频率在两个八度之间来回跳跃。这样的分析文件如图表248所示,请注意观察其中密集的清音(无声)部分。

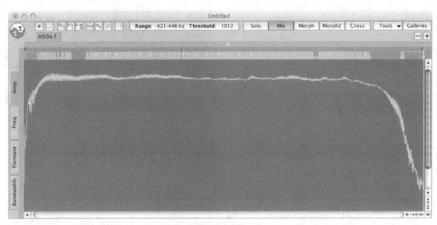

图表248 低品质的PSI分析

Tau编辑器的顶部中心,Range/Threshold按钮显示分析的基频在421~446 Hz之间(图表249)。

Range: 421-446 hz Threshold: 1012

图表249 Range/Threshold按钮显示的频率数值

修正频率范围可以使用采样编辑器。具体做法是,首先从采样编辑器中打开原始音频文件,准确地选择波形的一个完整周期(注意不是随便选择一小段波形)。为了能更清晰地看到波形的一个周期,先选择波形的一小部分,之后点击放大镜图标。在选择波形的一个周期后,Kyma提供这一周期的频率信息,并显示在采样编辑器的右上角(图表250)。

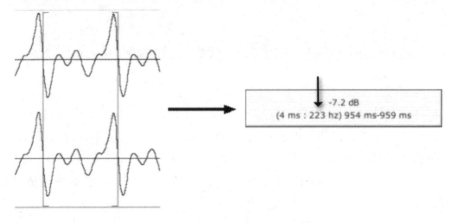

图表250 采样编辑器中波形的单一周期及其频率

这一过程结果告诉我们,音频文件的基频接近223 Hz(比PSI分析的结果低一个八度),而不是在421~446 Hz之间。如果要使用新的信息来重新分析该音频文件,则点击Range/Threshold按钮,产生的对话框询问用户是否要重新分析文件(如图表251)。

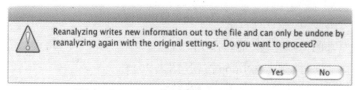

图表251　Kyma询问是否需要重新分析

点击Yes之后,出现如下窗口(图表252)。

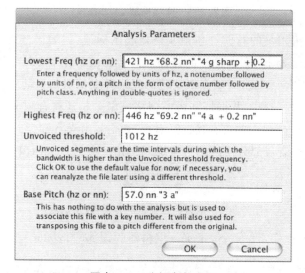

图表252　分析参数窗口

此处将 *Lowest Freq*(*最低频率*)改为210 Hz,把 *Highest Freq*(*最高频率*)改为230 Hz,通常在修改后之前的问题就会得到解决①。

二、Tau编辑器中回放文件

一旦.psi文件被加入到Tau编辑器中,就可以按下Space Bar回放该文件。如果要以两倍速或者速度减半回放,则点击位于Tau编辑器左上方的1/2或者2按钮即可(图表253)。

---

① 在Symbolic Sound官方网站视频教程"Tao编辑器第2部分"("Tau Editor Part 2")也就如何解决这个问题进行了解释,请参考链接: http://www.symbolicsound.com/Learn/VideoTutorials。

图表 253　Tau 编辑器中的控制按钮

要恢复原来的回放速度,则点击1按钮。

要循环播放文件,则点击 Loop 按钮(图表 254)。

图表 254　循环播放 Loop 按钮

与 Loop 按钮相关的右向红色箭头▷是起始标记,代表循环的起始;左向蓝色三角箭头◁是终止标记,代表循环的终止。这些标记都位于 Tau 主窗口。

要用鼠标检索 .psi 文件,就点击黄色的光标并在窗口内拖动。

除了生成振幅、频率、共振峰和带宽包络,PSI 分析还将音频文件分类成为不同的部分:由明显音高组成的部分[浊音(有声)部分],由噪音和无明显音高组成的部分(清音部分)①。清音部分由两端带有绿色三角的方括号来标识(图表 255)。

图表 255　带有绿色箭头的方括号(定位点)

这些标识被称作定位点,位于 Tau 编辑器的顶部(图表 256)。

图表 256　带有绿色箭头的方括号标记了 .psi 文件的清音部分

如果只听文件中的有调部分,则点击带有正弦波图样的控制按钮(图表 257)。

图表 257　只回放浊音部分的按钮

如果只听文件中的清音部分,则点击带有噪声图样的控制按钮(图表 258)。

①从技术上讲,一个清音片段就是信号的明亮度或"带宽"超过门限值所经历的时间间隔。

图表 258　只回放清音部分的按钮

变换不同的回放速度,在文件的浊音部分和清音部分之间切换,在任意时段上自由地扫描文件——可以将以上这些控制实施想象成乐器的"弹奏",回放的声音结果可以记录到磁盘中保存为音频文件。如果要从 Tau 编辑器录制音频到磁盘,则点击控制区域最左边的按钮(图表 259)。

图表 259　Tau 编辑器的录音按钮

如果要停止录音,则再次点击 Record 按钮。

此阶段还可以执行的一个修改命令即移动定位点,来重塑分析的时间轴。重塑分析这个操作对于话语录音有特别显著的作用。

点击三角标记(按住后变成粉红色)可以移动定位点到新的位置。因为一个三角标记代表清音部分的起始点,另一个三角标记代表清音部分的终止点,所以不可能将起始点拖到终止点之后,反之亦然。

移动定位点的结果如图表 260 和图表 261 所示。

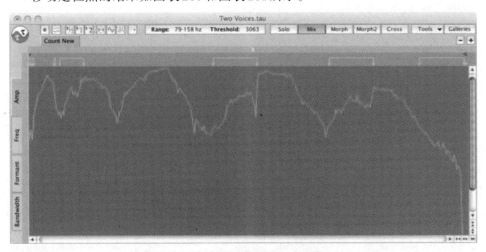

图表 260　定位点的原始位置

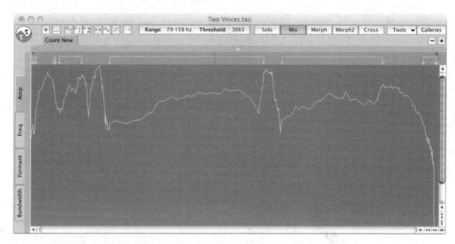

图表 261　定位点的新位置以及包络的相应变化

请注意,图表 261 中的包络发生了巨大变化。注意此处包络(振幅包络)的时间变化同时也会反应在其他的包络中,这点很重要。

新添加一个定位点(与.psi 文件的无声部分无关)的做法是,在同一个区域按住 Option 点击鼠标以放置其他定位点。

我们不仅可以通过点击和拖动定位点来改变包络的时间位置,包络的竖直方向也可以被大幅度重塑。例如,这里的"Count New".psi 文件的原始频率包络(图表 262)。

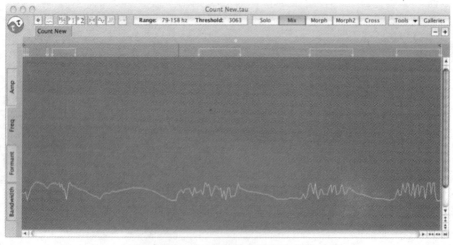

图表 262　psi 文件的原始频率包络

将光标移动到包络的某个点上就出现了黑色的十字准线。这一操作指引

Kyma 提供 .psi 文件中特定点的时间和频率信息。图表 263 所示时间显示为 0.03 秒，频率显示为 106.262 Hz（或者 2 g sharp + 0.4 nn）。

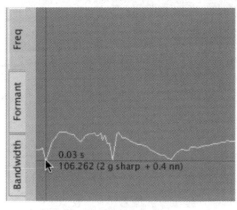

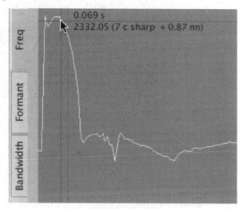

图表 263　时间和频率信息　　　　图表 264　频率包络被拖动到新的位置

这个点以及其周围部分可以被向上（或者向下）拖动，导致频率的变化，如图表 264 所示。

此外，用 Select All（⌘A）选择整个包络，将其向上或向下整体拖动。请比较图表 265 的例子与图表 262 所示的原始包络。

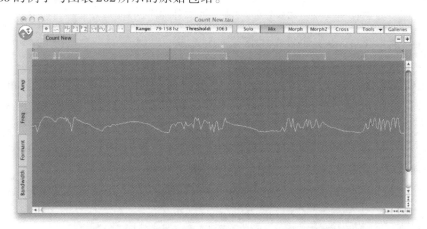

图表 265　拖动整体频率包络得到更高的频率

介绍至此，所有操作基本都是关于如何修改、修改什么？第二个声音文件在完成分析并添加到 Tau 编辑器时，更加复杂的操作才开始。当添加了第二个（或第三个，甚至第四个）声音文件，完成分析并存储为 .psi 文件后，Tau 编辑器看起来大概如图表 266 所示。

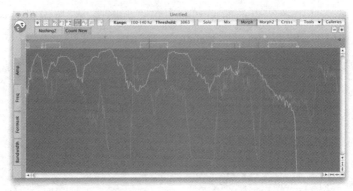

图表266　含有两个 .psi文件的Tau编辑器

在图表266中,两个文件分别用两个不同颜色表示,亮绿色表示目前选中的.psi文件。如果要切换两个.psi文件,则点击编辑器左上方的文件名称(图表267)。

图表267　选择 .psi文件的标签

这种情形下,Tau编辑器中的两个.psi文件可以保存为一个独立的.tau文件。保存.tau文件与保存Kyma其他类型文件是一样的方法。

比较图表266中所示两个振幅包络,我们看到它们的时长是不同的。Tau编辑器处理这种情况时,可以将短的.psi文件拉长到与较长文件相同时长,使之对齐。实际上,Tau原本就是时间对齐工具,对齐被分析声音的包络或者音频文件,是其基本功能。通过选择位于Tau编辑器右上方Tools菜单中的Stretch to maximum duration选项,就能使这些文件的时长同步(图表268)。

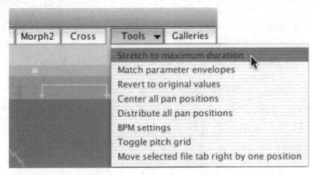

图表268　工具菜单中的拉伸到Tau编辑器最长时长选项

这一操作暂时将两个.psi文件对齐,如图表269所示。

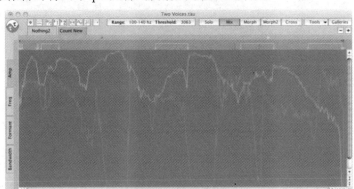

图表269　对齐的两个.psi文件

基本的暂时对齐只是开始。如果我想要将多个.psi文件对齐,例如不同的人说同样的话,就可以通过移动定位点的方法来对齐时间,因此在不同的.psi文件之间的变形质量将得到提高。

图表270所示为三个未经任何对齐操作的.psi文件(三个人从一数到三的录音)。Tau编辑器中看到的三个包络歪歪斜斜,如图表270中所示。

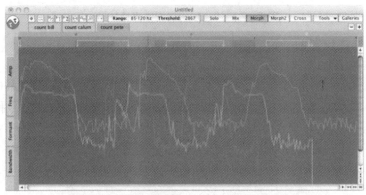

图表270　Tau编辑器中三个歪歪斜斜的.psi文件

这三个文件中不仅在时间上参差不齐,它们的总体振幅也有很大差别。使用上述的时间对齐技术Stretch to maximum duration指令,调整定位点和使用拖拉方法来在竖直方向重塑包络,就可以很好地协调这些包络,如图表271所示。

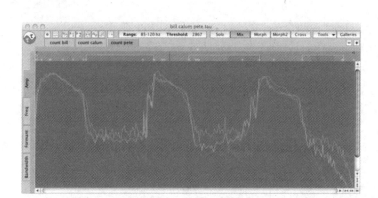

图表271 三个暂时对齐的.psi文件

除了手动对齐包络和重塑等高线，Kyma 也可以自动处理这个过程。如果要让 Kyma 自动地完成同样类型的对齐处理，首先，点击位于 Tau 编辑器右下方的 fit-to-window 按钮（图表272），现在就能清晰地看到未经对齐的文件。

图表272 Tau 编辑器调整窗口按钮

其次，选中较短的.psi文件，点击 Stretch to maximum duration 命令（Tau 编辑器 Tools 菜单下）。

第三，Select All 选择全部之后，从 Tau 编辑器工具菜单中选择 Match parameter envelopes，出现下列窗口。窗口会询问目标包络包含在哪个.psi文件中（其他包络需要以目标包络作为调整对象）；Kyma 是否只匹配"浊音部分"，或是也要匹配"清音部分"；Kyma 应该移动包络的百分比（25%、50%、75%还是100%）来匹配目标包络；Kyma 是否需要添加其他定位点来帮助手动重置包络位置。

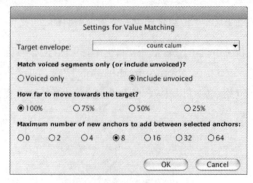

图表273 包络匹配的设置

即使Kyma自动调整的包络匹配不够完美,执行这一操作后,包络将更进一步对齐,让手动调整变得更加容易。

三、Tau播放器声音物件(TauPlayer)

Tau播放器声音物件(TauPlayer),要用到的文件是.tau文件。TauPlayer以混合、变形或交叉变形(另一种变形)其.psi文件组成部分的方式来回放.tau文件。一旦选中了.tau文件,使用下拉菜单(位于磁盘符号的右边)选择或者取消要混合的.psi文件。

TauPlayer回放 .tau文件的方法是多种多样的。回放的很多种可能方式体现在17个不同的参数区域,11个单选按钮,两个复选框,以及一个可以进行各种组合的菜单。面临如此复杂的设置令人无从下手。我来为大家总结一下庞大控制序列中部分应用,提供一些基本的初期设置帮助大家继续探索。图表274所示为Tau-Player的参数区域。

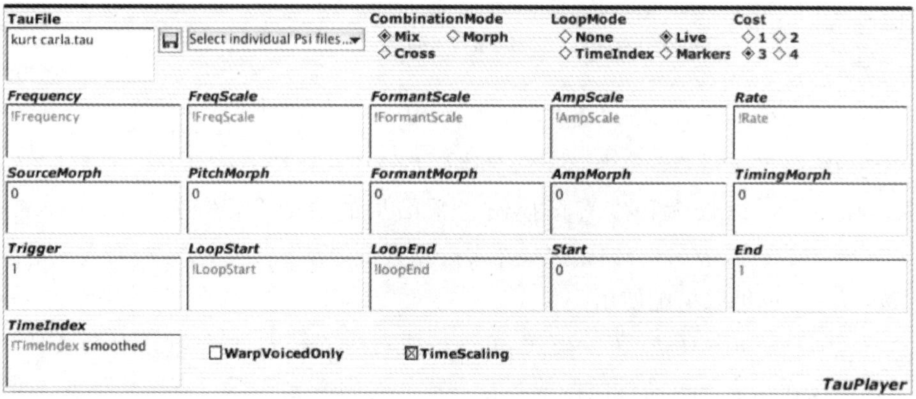

图表274　TauPlayer的参数区域

通过点击磁盘符号来选择要使用的.tau文件,然后在位于 *Combination Mode*(组合模式)下方的三个单选按钮中指定回放.psi文件的试听方式。在 *Mix*(混合)模式下将同时听到所有.psi文件,而在 *Morph*(变形)和 *Cross*(交叉)模式下会实现多个文件之间的变形。

在 *Mix* 模式下,文件的频率、共振峰、振幅以及速率的取值范围可以被控制。作为一个起点,我建议将参数设置为与 *Mix*(混合)模式(位于参数区域上方一行)相关,就像我在上例中所做的设置:将 *Frequency* 设置为0~1000,*FreqScale* 取值范围设置为0.5~2,*FormantScale* 取值范围设置为0~2,*AmpScale* 取值范围设置为0~1,*Rate* 取值范围设置为0~5。当然,此处还可以使用任一CapyTalk表达式来有效地浏览这些取值范围。控制变形效果的参数包括：*SourceMorph*，*PitchMorph*，*FormantMorph*，而 *AmpMorph* 和 *TimingMorph* 在这种模式中并不起作用。

在 *Morph* 模式下，除了 *Mix* 模式下提供的控制，从一个文件参数包络到另一个文件的参数包络的插补过渡也是可以被控制的。在 *Cross* 模式下 *AmpMorph* 参数区域控制着我们所要听到的那个.psi文件。要观察变形模式的工作方法，则从模型工具条中打开模版"Tau 3–Way Morph"。

TauFile		CombinationMode	LoopMode	Cost
bill calum pete.tau [💾] Select individual Psi files... ▼		◇ Mix ● Morph ◇ Cross	◇ None ◉ Live ◇ TimeIndex ◉ Markers	◇1 ◇2 ◉3 ◇4

Frequency	FreqScale	FormantScale	AmpScale	Rate
default	default	default	default	!Rate

SourceMorph	PitchMorph	FormantMorph	AmpMorph	TimingMorph
!MorphSource	!MorphPitch	!MorphFormant	!MorphAmp	!MorphTiming

Trigger	LoopStart	LoopEnd	Start	End
1	0	0	0	1

TimeIndex				
0	☐ WarpVoicedOnly	☒ TimeScaling		TauPlayer

图表 275　模型工具条中 Tau 3–Way Morph 声音物件的参数区域

在 *Morph* 和 *Cross* 模式中，*SourceMorph*，*PitchMorph*，*FormantMorph*，*AmpMorph* 和 *TimingMorp* 是可以最大程度直接控制音乐结果的参数[当然，*Frequency*（频率）、*FreqScale*（频率数值范围）、*FormantScale*（共振峰数值范围）、*AmpScale*（振幅数值范围）和 *Rate*（速率）也可以搭配使用]。

紧接 *CombinationMode*（组合模式）单选按钮右边的是 *LoopMode*（循环模式）的按钮。这些按钮指定.tau文件的回放运行方式。选中 *None* 表示没有循环播放（回放一次后停止）；选中 *Live*（实时）表示循环播放由 *StartLoop*（循环开始）（范围 0~1）和 *EndLoop*（循环结束）（范围 0~1）参数区域控制；选中 *TimeIndex*（范围–1~1）表示回放位置由 *TimeIndex* 实时检索，或者用 CapyTalk 表达式控制回放方式。

Kyma 了解这一过程的复杂性，点击一个按钮将产生大于40个基于 Tau 的声音。想要用 Tau 编辑器生成丰富的声音，首先从 Tau 编辑器中打开一个 tau 文件，然后点击 Galleries 按钮（位于 Tau 编辑器的右上角）（图表276）。

Galleries

图表 276　Tau 的 Galleries 按钮

点击此处，便开启了丰富的声音探索之旅。

＊＊＊＊＊＊＊＊＊＊＊

昨晚我出去找SOS迪斯科舞厅，遇到了一群女士在酒店附近的公园里跳舞，伴奏是一个小规模打击乐队。50多位舞者转动着雨伞，挥舞着旗帜。很明显，这是一次整齐有序的舞蹈表演。我好奇……在这些舞者中间，谁在SOS迪斯科舞厅跳过舞？

第十三章　声音物件字典

　　本章节给大家提供 Kyma 声音物件（Kyma 版本 X.82/6.82）快速参考手册，供大家学习每个物件的作用。本字典并没有对所有声音物件面面俱到地说明，而是对声音物件进行简明的介绍，我相信这有利于读者在 Kyma 操作环境之外的情况中学习①。

　　绝对值（AbsoluteValue）：对输入做绝对值运算并且输出。

　　起衰延释包络（ADSR）：产生一个传统的四阶段包络，触发后输出起音、衰减、延音、释放四个阶段。

　　振幅跟踪器（AmplitudeFollower）：对输入信号每个采样点的振幅绝对值求平均，以此来获取输入信号的振幅包络。

　　模拟序列器（AnalogSequencer）：产生一个序列，包括时长、演奏技法、MIDI 音符事件和连续的控制器输出值，将其作为 AnalogSequencer 输入端物件参数区域中的事件值，这些输入可以是任何声音模块，也可以是另外一个模拟音序器。

　　分析滤波器（AnalysisFilter）：使用一个超窄频带的带通滤波器将输入信号的每个泛音隔离出来。其输出是输入信号在指定频率的正弦波部分（右声道）和余弦波部分（左声道）。

　　注释（Annotation）：方便在声音模块中添加关于作品的说明性记录、标记与概述。

　　起衰包络（AR）：产生一个两阶段的包络，主要包括起音和衰减时间，触发后包络与时间呈线性或指数关系。

　　反正切（ArcTan）：计算、输出右声道输入与左声道输入比值，即在四个象限的反正切值。

　　音频输入（AudioInput）：接收所选音频界面的模拟或者数字输入信号。

　　平均值低通滤波器（AveragingLowPassFilter）：通过计算输入数据流的动态

平均值来过滤输入信号。

信道交叉转移器（**ChannelCrosser**）：将左声道信号的所有信号量转移到右声道，反之亦然。

声道结合（**ChannelJoin**）：将声音模块中 *Left*（*左*）参数区域的信号放置在左声道，将 *Right*（*右*）参数区域的信号放置在右声道，用这样的方法构造立体声信号。

声道分隔器（**Channeller**）：将输入的立体声信号用不同的方法发送或者静音。

如果选中 *LeftChanel*（*左声道*），那么输入信号的左声道将在两个输出声道输出。

如果选中 *RightChannel*（*右声道*），那么输入信号的右声道将在两个输出声道输出。

如果两个声道都选中，那么输入信号不被改变直接输出。

如果没有选中任何一个通道，那么就没有输出。

声道选择器（**ChannelSelector**）：选择立体声输入的一个单声道或者多声道输入的一个单声道，之后将其发送到左右声道，输出双份单声道信号。

切割器（**Chopper**）：将振幅包络周期性地用到输入信号中。振幅包络是用波形一个周期的时长以及占空比定义的，周期时长可以设定。

云组（**CloudBank**）：产生一系列独立的谷粒云，谷粒云的中心频率和振幅由声音波谱中的音轨信息提供，音轨信息包含了频率和振幅信息。

常量（**Constant**）：根据常量物件（Constant）唯一的参数区域的数据，输出数值或者数据流。Constant 通常包括一个 CapyTalk 表达式，因此其输出不是常量，是恒定的波动。

无语境语法（**ContextFreeGrammar**）：根据一系列指定触发事件数量的规则，以及子声音物件的时间对齐方式，来触发指定的子声音物件（*Input* 参数区域）。

交叉过渡（**Crossfade**）：交叉过渡声音物件的两个输入信号。

交叉过渡多周期振荡器（**CrossfadingMulticycleOscillator**）：可以从一种波形平滑过渡到另外一种波形的振荡器。此物件为多周期波表专用。

交叉滤波器（长）（**CrossFilter_Long**）：交叉合成两个输入信号，一个作为激励信号（如打击物体），另外一个则视为响应此激励的物体。

交叉滤波器（短）（**CrossFilter_Short**）：交叉合成两个输入信号，一个作为激励信号（如打击物体），另外一个则视为响应此激励的物体。使用短的版本搭配短响应时间与通过滤波器的短延迟时间。

带反馈的延迟(DelayWithFeedback)：利用可变时间间隔与可选择的反馈控制，来延迟输入信号。

差别(Difference)：输出*Input*(被减数输入)和*MinusInput*(减数输入)的差值(*Input*数值 − *MinusInput*数值 = 输出)。

磁盘高速缓存(DiskCache)：当*Record*(录音)复选框选中的时候，将输入声音模块写入磁盘。当没有选中*Record*复选框时，从磁盘回放录音文件。

磁盘播放器(DiskPlayer)：以一定速率从指定时间点回放磁盘中指定的命名音频文件。

磁盘录音机(DiskRecorder)：被触发后将指定长度的回放信号写入磁盘中。

双平行两极滤波器(DualParallelTwoPoleFilter)：用两个具有固定零点的平行二阶滤波器单元过滤输入信号，并输出两个滤波器单元的总和。

动态范围控制器(DynamicRangeController)：根据旁链的振幅包络变化压缩或者扩展输入信号的动态范围(搜索"Compressor"物件)。

频率能量(EnergyAtAFrequency)：输出一个振幅包络，反映在特定频率上的输入信号能量。

尤金倪奥混响(EugenioReverb)：为输入信号加入混响。首先将立体声输入信号左右声道混合得到一个单声道信号并对其进行混响处理，之后输出经过混响处理的单声道信号和立体声输入信号的重合成信号。

均衡滤波器(EQFilter)：使用高、低框架滤波器和参数滤波器处理输入信号。

均衡(Equality)：分析*InputA*(A输入)参数区域和*InputB*(B输入)参数区域的值是否一致(在允许的误差内)；如果一致就输出1，否则输出0。

欧式混响(左)(EuverbLeft)：向输入信号加入混响，可以配合EuverbRight使用来制作立体声混响。

欧式混响(单声道)(EuverbMono)：向输入信号加入单声道混响，但是不支持直达信号和混响信号的混合。

欧式混响(右)(EuverbRight)：向输入信号加入混响，可以配合EuverbLeft使用来制作立体声混响。

反馈循环输入(FeedbackLoopInput)：制作反馈连接模块的两个声音物件之一。

反馈循环输出(FeedbackLoopOutput)：制作反馈连接模块的两个声音物件之一，制作反馈连接，延迟时长在12~2048个采样点之间。

快速傅立叶变换(FFT)：将输入信号从时域转换为频域信号输出，反之亦然。

滤波器(**Filter**):滤波器将输入信号进行低通、高通或者全通处理。

滤波器组(**FilterBank**):将输入信号经过一组带通滤波器处理,滤波器组的中心频率和振幅由波谱源的频率和振幅包络控制。

有限冲击响应滤波器(**FIRFilter**):利用有限冲击响应滤波器(FIRFilter)过滤输入信号,脉冲响应由一组系数指定。

强制分配处理器(**ForcedProcessorAssignment**):强制其输入由 Pacarana 的某个指定的处理器处理。

共振峰组(**FormantBank**):合成脉冲响应向一组带通滤波器输入信号,带通滤波器的频率和振幅包络由波谱源控制。共振峰组是聚集合成模型几种运用中的一种。

共振峰组振荡器(**FormantBankOscillator**):合成过滤过的脉冲序列,滤波器基于 *Spectrum*(*频谱*)参数区域设置,参数区域中指定波形和共振峰频率、振幅和带宽(通常是通过阵列合成的频谱)。

频率比例尺(**FrequencyScale**):用指定的数字缩放输入信号的频率显示。通常需要一个频率追踪器声音物件(FrequencyTracker)作为其中的一个输入。

频率追踪器(**FrequencyTracker**):输出连续更新的输入频率估计值。参数区域包括最小和最大预期频率值、敏感度以及置信值。

功能发生器(**FunctionGenerator**):接收到触发信息后,输出指定时长、指定波形的一个周期。

分类加法合成振荡器(**GAOscillators**):应用分类加法合成方法,由简单波形、非正弦波来合成复杂波形。在 Kyma 系统中,特殊的分类加法合成文件基于已有的 Kyma 波谱文件而制作。

通用音源(**GenericSource**):可以输出接收到的实时输入声音信号,磁盘中存储的音频文件或者是 Pacarana 内存中的信号。

谷粒云(**GrainCloud**):产生一系列短时长的声音颗粒的集合体,这个集合体中频率、振幅和密度以及谷粒的形状,每一粒谷粒的时长,每一粒谷粒中的波形都是可以控制的。

图形包络(**GraphicalEnvelop**):提供一个图形界面来设计包络,包络可以划分为任意数量的阶段。每触发一次,包络就运行一次。

图形均衡器(**GraphicEQ**):均衡输入信号,使用 7 个频带,每个频带宽度为一个八度,7 个频带的中心频率分别为 250、500、1000、2000、4000、8000 和 16000Hz。

和声共振器(**HarmonicResonator**):对特定频率以及其所有谐波频率产生共

振的滤波器。

高框架滤波器（HighShelvingFilter）：增强或者削弱特定截止频率以上频率成分的信号强度。

希尔伯特变形（HilbertTransform）：将输入进行90°相位移动，使左声道输出为经过90°相位移动的输入信号，右声道输出为未经变换的输入信号。此声音物件的输出可以直接输入到一个4倍振荡器声音物件（QuadOscillator），进行单边环形调制。

图像显示器（ImageDisplay）：从 *Images*（*图像*）参数区域的文件目录中选择一个PNG或者GIF类型的图像文件，显示在虚拟控制界面。

输入输出特性（InputOutputCharacteristic）：为声音模块的接收指定一个"由输入到输出"的映射。[模型工具条中显示为"输入输出特性音色波形成形器"（InputOutputCharacteristic Timbre Waveshaper），并位于信号流图的中间。]

插值声音物体（Interpolate Sound Object）：在两个输入之间进行插入操作。

插值N（InterpolateN）：在每个声音模块以及其相邻声音模块之间插入渐变。插入序列中的声音模块不限数量。

插值预置（InterpolatePresets）：在虚拟控制界面的相邻两个预置数值中插入新的数值。

迭代波塑形器（IteratedWaveshaper）：基于一个波塑形函数，将输入映射到输出。波塑形函数是 *Wavetable*（*波表*）参数区域选择的特定波形。IteratedWaveshaper具有特别的自反馈功能，即把已调整的输出的迭代进行反馈。

多采样键盘映射（KeyMappedMultisample）：将一个文件夹内的音频文件载入Pacarana内存中，将音频文件分配在"键盘空间"，每当触发即回放音频文件。

电平（Level）：增强或者减弱输入信号的振幅。

Lime 翻译器（LimeInterpreter）：读取Lime音乐记谱软件制作的二进制文件，并将这些数值映射到Kyma声音文件的参数区域中。

实时波谱分析（LiveSpectralAnalysis）：分析输入以及输出振幅和频率包络，以此来控制振荡器组或者聚集合成组。

低框架滤波器（LowShelvingFilter）：增强或者减弱指定截止频率以下的频率信号分量。

4*4矩阵（Matrix4）：将4个输入按照路线传输到4个输出声道。

8*8矩阵（Matrix8）：将8个输入按照路线传输到8个输出声道。

内存写入器（MemoryWriter）：接收到触发后，将输入信号写入Pacarana的内存中,存储时间由 *CaptureDuration*(*捕捉时长*)参数区域指定。

　　MIDI文件回声(**MIDIFileEcho**):在一系列 MIDI 通道内,使指定 MIDI 文件的所有 MIDI 事件在一个或多个 MIDI 通道内重复。

　　MIDI映射器(**MIDIMapper**):提供一种方式可以为输入的任何一种事件值覆盖全局 MIDI 映射。它与 MIDIVoice 有相同的性能,所以如果覆盖全局映射不是必需的,请最好使用 MIDIVoice。

　　MIDI输出控制(**MIDIOutputController**):输出包含在 *Value*(*数值*)参数区域中的数值,作为指定 MIDI 信道传输连续控制器控制值。

　　MIDI输出事件(**MIDIOutputEvent**):每次触发即产生 MIDI 音符开信息,且一旦 *Gate*(*门*)参数区域的数值变为 0 时,输出相应的 MIDI 音符关信息。

　　MIDI输出事件字节(**MIDIOutputEventInBytes**):输出指定 MIDI 事件作为序列状态和数据字节输送到 MIDI 输出出口。

　　MIDI声音(**MIDIVoice**):为信号流中位于 MIDIVoice 左边的声音模块配置 MIDI 控制。对 MIDIVoice 的控制包括:MIDI 通道,同时响应的音符数,可接收的最低和最高 MIDI 音符,以及总体电平。MIDI 数据源可以从实时 MIDI 输入,标准的 MIDI 文件或者脚本产生的 MIDI 事件中获取。

　　中间振幅编码解码器(**MidSideEncoderDecoder**):将一段立体声文件编码分为两部分,中间部分(出现在立体声音响的相位中间,因为中间部分在左右声道中是相同的)以及两边部分(出现在立体声音响的两边部分,因为这一部分有左右声道的区分)。一个中间振幅编码录音可以通过选择 *SkipEncoding*(*跳过编码*)复选框进行实时解码[在模型工具栏中以"Gestoso 中段编码解码器"(Gestoso Mid Side (MS) Encoder/Decoder)显示]。

　　混合器(**Mixer**):混合(叠加)其 *Input*(*输入*)参数区域中的所有输入声音模块,并输出。

　　模态滤波器(**ModalFilter**):接收一种信号,这种信号激励一系列在反馈循环中可选的滤波和变形方式。ModalFilter 可以用于房间物理模型建模、音乐乐器以及其他物理模型。

　　单声道转多声道(**MonoToMultichannel**):将单声道处理链变换成为最多 8 个具有独立参数控制的处理链。

　　单音效果器(**Monotonizer**):将输入的音高变化移除,并用指定数字定义频率参数。

　　一维声音渐变分类加法合成(**Morph1dGA**):根据 *Morph*(*变形*)参数,在

Timbres(音色)参数区域中文件列表的相邻文件之间,制造一个平滑的音色渐变。输出是利用分类加法合成的合成结果。

一维声音变形 Psi(Morph1dPsi):根据 *Morph*(变形)参数,在 *Timbres*(音色)参数区域中文件列表的相邻文件之间,制造一个平滑的音色过渡。输出是利用 Psi 重合成的合成输出。

一维声音变形采样云(Morph1dSampleCloud):根据 *Morph*(变形)参数,在 *Timbres*(音色)参数区域中文件列表的相邻文件之间,制造一个平滑的音色过渡。输出是利用声音粒子合成的合成输出。

一维声音变形波谱(Morph1dSpectrum):根据 *Morph*(变形)参数,在 *Timbres*(音色)参数区域中文件列表的相邻文件之间,制造一个平滑的音色过渡。过渡的频谱经过再合成输出到振荡器组、云组、滤波器组或者共振峰组作为控制信号。因为 Morph1dSpectrum 的输出是控制信号而不是音频信号,有些输出信号直接当作声音来听,有些可能并不悦耳。

二维声音变形键盘映射分类加法合成(Morph2dKeymappedGA):在一组 GA 文件之间产生音色的平滑过渡。4 种音色被概念性地安排在正方形的四角上,X 和 Y 参数过渡数值用来调整 4 种音色的平衡。*Frequency*(频率)参数区域作为第三个过渡控制,根据存储在每个文件内的基本音高,对每个文件夹所包含的文件进行音色过渡。输出是分类加法合成的合成结果。

二维声音变形键盘映射 Psi(Morph2dKeymappedPsi):在一组 Psi 文件之间产生音色的平滑过渡。4 种音色被概念性地安排在正方形的四角上,X 和 Y 参数过渡数值用来调整 4 种音色的平衡。*Frequency*(频率)参数区域作为第三个过渡控制,对每一种音色进行过渡,根据存储在每个文件内的基本音高,对每个文件夹所包含的文件进行音色过渡。输出是 Psi 重合成的合成结果。

二维声音变形键盘映射采样云(Morph2dKeymappedSampleCloud):在一组音频文件之间产生音色平滑过渡。4 种音色被概念性地安排在正方形的四角上,*X* 和 *Y* 参数过渡数值用来调整 4 种音色的平衡。*Frequency*(频率)参数区域作为第三个过渡控制,根据存储在每个文件内的基本音高,对每个文件夹所包含的文件进行音色过渡。输出是声音粒子合成的合成结果。

二维声音变形键盘映射波谱(Morph2dKeymappedSpectrum):在一组波谱文件之间产生音色平滑过渡。4 种音色被概念性地安排在正方形的四角上,*X* 和 *Y* 参数过渡数值用来调整 4 种音色的平衡。*Frequency*(频率)参数区域作为第三个过渡控制,根据存储在每个文件内的基本音高,对每个文件夹所包含的文件进行音色过渡。过渡的频谱经过重合成输出到振荡器组、云组、滤波器组或者共振峰组作为控制信号。

三维声音变形分类加法合成（Morph3dGA）：在8个GA文件之间产生音色平滑过渡。8种音色被概念性地安排在正方体的8个顶端上，X、Y和Z参数过渡数值（取值范围0~1）用来调节8种音色的平衡。三维控制点越靠近这个正方体中的一个顶角，音色就越接近相应音频文件的音色。输出的是分类加法合成的合成结果。

三维声音变形Psi（Morph3dPsi）：在8个Psi文件之间产生音色平滑过渡。8种音色被概念性地安排在正方体的8个顶角上，X、Y和Z参数过渡数值（取值范围0~1）用来调节8种音色的平衡。三维控制点越靠近这个正方体中的一个顶角，音色就越接近相应音频文件的音色。输出是Psi重合成的合成结果。

三维声音变形采样云（Morph3dSampleCloud）：在8个采样文件之间产生音色平滑过渡。8种音色概念性地安排在正方体的8个顶角上，X、Y和Z参数过渡数值（取值范围0~1）用来调节8种音色的平衡。三维控制点越靠近这个正方体中的一个顶角，音色就越接近相应音频文件的音色。输出是声音粒子合成的合成结果。

三维声音变形波谱（Morph3dSpectrum）：在8个波谱文件之间产生音色平滑过渡。8种音色概念性地安排在正方体的8个顶角上，X、Y和Z参数过渡数值（取值范围0~1）用来调节8种音色的平衡。三维控制点越靠近这个正方体中的一个顶角，音色就越接近相应音频文件的音色。过渡的频谱经过重合成输出到振荡器组、云组、滤波器组或者共振峰组作为控制信号。

多声道调音台（MultichannelMixer）：在可控的电平范围内叠加输入信号。MultichannelMixer第一声道的输出是第一声道所有输入的叠加；MultichannelMixer第二声道的输出是第二声道所有输入的叠加，以此类推。

多声道声相（MultichannelPan）：将输入放置在以听众为中心的概念圆虚拟空间内。如果输入信号为立体声，此声音物件仅接收其左声道音频信息。

多文件磁盘播放器（MultifileDiskPlayer）：回放磁盘中的一组音频文件。这些音频文件可以由一个事件值进行实时地选择。

波形乘法器（MultiplyingWaveshaper）：将 *Input*（输入）参数区域接收到的声音物件乘以一个从 *Wavetable* 参数区域读取的数值。*Wavetable*（波表）参数区域读取的数值由 *NonlinearInput*（非线性输入）参数区域的索引提供。

多个采样（Multisample）：回放一系列由Pacarana内存指定的音频文件，这些音频文件可以由一个事件值进行实时地选择。

多采样云（MultiSampleCloud）：基于一系列指定的音频文件中选定的音频文

件输出粒子合成声音。可以通过改变事件数值来实时地切换音频文件。Multi-SampleCloud 提供对音频文件内一系列参数的控制,包括:谷粒形状、谷粒时长、总体云密度、空间位置、振幅、频率以及时间索引。

分段式包络(**MultisegmentEnvelope**):为设计包络提供的非图形界面,包络可以设计为任意多个阶段。一次触发输出一个包络。

分段式多斜率功能发生器(**MultislopeFunctionGenerator**):为设计包络提供的非图形界面,包络可以设计为任意多个阶段。一次触发输出一个包络。

多声波谱(**MultiSpectrum**):通过波谱文件产生频率和振幅包络,以控制振荡器组、云组、滤波器组。频率和振幅包络从多个波谱文件中实时获取,这些波谱文件包含在一个列表中,彼此分隔。

多声道到多声道映射(**MultiToMultichannel**):接收一个多声道输入,选择性地单独处理所有声道并产生一个多声道输出,或者当选中 *Stereo*(立体声)复选框时,仅输出处理后的前两个声道。将所有输入声道混合并输出,选中 *Mix*(混合)复选框。如果要使一个声道无改变地通过,选中其对应的 *Bypass*(忽略)复选框。

噪音(**Noise**):以采样率的速度产生随机数字流(-1~1之间),用作音频信号或者参数控制的方式。种子值可以被设定为确定循环的结果。

振荡器(**Oscillator**):持续输出指定频率和振幅的指定波形。

振荡器组(**OscillatorBank**):为每个振荡器输出复杂波形,这个复杂波形由声波谱源定义,用于控制每个振荡器的频率和振幅包络。

示波器(**OscilloscopeDisplay**):在虚拟控制界面上,以单踪示波来显示其输入信号。

4声道输出(**Output4**):指定4个输入的输出声道。因为 Output4 的输出为多声道输出,所以仅可以用于信号流最后一个模块,或者作为一个多声道输入处理模块的输入,如 MultiToMultichannel。

8声道输出(**Output8**):指定8个输入的输出声道。因为 Output8 的输出为多声道输出,所以仅可以用于信号流最后一个模块,或者作为一个多声道输入处理模块的输入,如 MultiToMultichannel。

重叠调音台(**OverlappingMixer**):指定短暂时间重叠多个输入。

声相(**Pan**):将输入放置于立体声环境中,并控制其输入的总体电平。

参数变形(**ParameterTransformer**):利用设置在 *Transformation*(转换)参数区域中的 Smalltalk 代码来改变或者设定输入参数。

峰值检测器(**PeakDetector**):通过追踪输入振幅的绝对值来输出振幅包络。

90°相移器（**PhaseShiftBy90**）：左声道和右声道之间进行90°相移，具体的办法为：以指定频率速度将一个声道信号反向转动45°，另外一个声道正向转动45°。

复音移调（**PolyphonicShift**）：将输入信号向上或者向下做指定量的移调。

前缀（**Prefixer**）：为参数区域中的可变参数值，在信号流Prefixer的左边添加一个ID作为前缀（或后缀）。这个标签在虚拟控制面板上区分出位于不同声音物件内，共用相同事件值名称的参数区域。

当前滤波器（**PresenceFilter**）：以一个单频带参数均衡器方式对输入信号进行滤波，均衡器的中心频率和带宽都是可以指定的。

预置空间（**PresetSpace**）：将虚拟控制界面上的前8个预置概念地摆放在一个虚拟正方体的8个顶角，X、Y和Z的数值表示这个正方体中的一个点或一个虚拟位置。PresetSpace基于所在$X-Y-Z$的空间坐标位置，进行原有预置间的插值处理。（原有声音模块在输入PresetSpace模块之前必须先运行至少一次，这样PresetSpace才能捕捉到预置信息。）

乘积（**Product**）：把输入与它们的输出相乘，再输出乘积结果。

脉冲发生器（**PulseGenerator**）：产生可指定占空比的频带限制方波。

脉冲序列器（**PulseTrain**）：输出一个波形，其每一个周期的第一个采样点为1，周期剩余采样点为0。如果选中*VariableDutyCycle*（可变占空比）复选框，那么*DutyCycle*（占空比）参数区域的数值控制着1或0在每个周期所占的比例。

4倍振荡器（**QuadOscillator**）：输出经过环形调制的左右声道信号之和。*Envelope*（包络）参数区域的左声道信号与一个正弦波振荡器相乘，右声道信号与一个余弦波振荡器相乘。

复制器（**Replicator**）：产生一个混合器，包含任意数量的输入的复本。每一个复本有自己的参数控制。

共振/激励器（**REResonator**）：使用RE分析工具分析音频文件，得到相关系数作为时变滤波器的控制信号，使用这个控制信号来分析其输入信号。

重合成反复到节拍（**ResynthesisLoopToBPM**）：调整波谱文件的时长，从而使重复的速度与BPM（每分钟节拍）一致。

混响部分（**ReverbSectioin**）：延迟其输入信号并且自反馈。多个复本叠加可以构建新的混响算法。ReverbSection可作为梳状或者全通滤波器。衰退和延迟时间是可以控制的。

均方根（**RMSSquared**）：生成其输入信号振幅包络的预估值。

运行最大值（**RunningMax**）：监测输入信号的振幅数值，输出从开始回放到当前数值为止的最大值。如果要识别瞬时振幅最大值，请使用 MAX 模型。

运行最小值（**RunningMin**）：监测输入信号的振幅数值，输出从开始回放到当前数值为止的最小值。如果要识别瞬时振幅最小值，请使用 MIN 模型。

采样（**Sample**）：从 Pacarana 内存中回放指定的音频文件。

采样加速器（**SampleAccelerator**）：每次通过 SampleAccelerator 回放循环音频文件，都从开头或者结尾逐次缩短循环音频文件。

采样和保持（**SampleAndHold**）：获取当前输入的数值用于 *HoldTime*（*保持时间*）参数区域中指定时长。

采样比特（**SampleBits**）：回放指定音频的一部分，一旦触发便从指定的位置开始回放，持续一定的时间。开始位置和时长将四舍五入近似到最近的量化时间点，时间计量精度显示在 *Quantization*（*量化*）参数区域中。

采样云（**SampleCloud**）：基于特定音频文件提供的谷粒形状、谷粒时长、总体云密度、空间设置、振幅、频率和时间索引等参数，输出粒子合成后的声音云。

缩放和偏移（**ScaleAndOffset**）：将其输入乘以一个特定的数值（调整），然后将乘积结果加上一个数值（偏移量）。ScaleAndOffset 也可以通过一句 CapyTalk 表达式实现相同结果。

可调声音合成机（**ScaleVocoder**）：利用边带可控的带通滤波器过滤输入信号，其中心频率可以根据基音和数值范围进行调整。

脚本（**Script**）：以编写算法的方式构建声音模块（而不是用图形的方式在声音编辑器中构建声音模块）。构建出的声音模块混合多个输入，每个输入都有各自的起始时间。

可选择音频输入（**SelectableAudioInput**）：输出由 *Channel*（*声道*）参数区域指定的音频输入声道。

可选择音频输出（**SelectableAudioOutput**）：将单声道输入由可用的输出声道之一输出，输出声道由 *Channel*（*声道*）参数区域决定。

可选择声音物件（**SelectableSound**）：选择输入信号之一，根据 *Selection*（*选择*）参数区域的数值发送信号到输出。

设定时长（**SetDuration**）：设定输入的时长和开始时间。

设定范围（**SetRange**）：将输入的范围映射到一个新的指定范围。

单音移调（**SimplePitchShifter**）：根据指定的音程量，将输入信号的音高做向上或者向下移调。

　　单边带环形调制（**SingleSideBandRM**）：通过单边带环行调制，对输入信号进行非谐波频率缩放。

　　粘滑运动（**SlipStick**）：基于拉弹簧一端控制点拖拽物体划过接触表面这个物理模型，生成音频信号或者控制信号的声音物件。

　　弦波集成振荡器（**SOSOscillators**）：由多个振荡器用同一种波形加合产生信号。每一个波形都通过波谱源产生自己的频率和振幅包络。SOSOscillators 功能与 OscillatorBank 类似，只增加了 *CascadeInput*（*串联输入*）参数区域以及第一个分音的重合成功能。相信也是 SOS 迪斯科舞厅的主要音乐资源。

　　声音收集变量（**SoundCollectionVabiable**）：如文件夹一样收集归纳声音模块。

　　声音物件全局控制器（**SoundToGlobalController**）：生成一个事件值（单个事件或者连续数据流）。这个输入 *Value*（*数值*）参数区域事件值可以是一个数字、一个粘贴的声音模块，或者是表达式；生成的事件值可用来控制其他声音模块的参数。

　　波谱成形器（**SpectralShape**）：通过指定每一个分音的振幅以及两个分音之间的间隔（以频率为单位），来生成频率和振幅数值以控制 OscillatorBank 的振荡器。

　　波谱分析器显示（**SpectrumAnalyzerDisplay**）：在虚拟控制界面显示输入的波谱。

　　波谱频率缩放（**SpectrumFrequencyScale**）：不改变振幅包络，且缩放谐波波谱源的频率包络。SpectrumFrequencyScale 可以作为 OscillatorBank 的输入，重合成新缩放过的波谱。

　　单一周期波谱（**SpectrumFromSingleCycle**）：计算一个波形的谐波波谱，可以用作 OscillatorBank 的波谱输入（或者任何一个聚集合成组），来重新合成一个以任意频率为基频的，自动定义带宽、反混叠的波形。

　　波谱基频（**SpectrumFundanmental**）：输出其接收到的谐波波谱输入的基频包络。

　　波谱输入内存（**SpectrumInRAM**）：生成频率和振幅包络，来控制 Oscillator-Bank，CloudBank，FormantBank 和 FilterBank 等声音物件。频率和振幅包络从指定的波谱文件读取。

　　波谱对数线性转换（**SpectrumLogToLinear**）：将对数频率波谱输入转换为线性频率波谱输出。总体来说，波谱文件中提取的波谱是对数频率，实时产生的波谱是线性频率。请注意：SpectrumInRAM 有一个复选框，可以方便地实现在对数与线性频率之间转变。大多数波谱修饰器要求线性波谱输入。

　　波谱修饰器（**SpectrumModifier**）：从波谱源类的模型工具条中选取一个声音

物件作为输入,并修饰其波谱。根据范围准则,如频率范围、轨道数目范围或者振幅范围,SpectrumModifier 选择或移除某些频谱的轨道;然后对所选轨道的每个频率和振幅值进行选择性地缩放,调整其偏移量。

磁盘波谱(SpectrumOnDisk):生成频率和振幅包络来控制 OscillatorBank、CloudBank 和 FilterBank 等声音物件。频率和振幅包络从单个指定的波谱文件中获得。SpectrumOnDisk 直接从磁盘处读取分析文件,而不是首先将分析文件载入内存中。且 SpectrumOnDisk 仅仅可以从时间前进模式的分析包络中处理。除此之外,SpectrumOnDisk 与 SpectrumInRAM 类似。SpectrumOnDisk 对于时长太长而无法载入内存的波谱文件的分析很有帮助。

波谱轨道选择(SpectrumTrackSelector):从 *Spectrum*(*波谱*)参数区域的输入文件提取单个振幅包络和频率包络。

波谱清/浊音输出(SpectrumVoicedUnvoiced):输出一个谐波波谱输入信号的清/浊音包络。

环绕声文件拆分播放器(SplitSurroundFilePlayer):用多声道环绕系统回放多个磁盘声音文件,如 7.1 环绕(.L .R .LS .RS .C .LFE .LC .RC)、5.1 环绕(.L .R .LS .RS .C .LFE)、4 声道(.L .R .LS .RS)或者影院立体声(.L .R .LS .RS)。此处使用的是基于后缀的文件命名常用方法。

环绕声文件拆分采样器(SplitSurroundSample):用多声道环绕系统回放多个存在 Pacarana 内存中的声音文件,如 7.1 环绕(.L .R .LS .RS .C .LFE .LC .RC)、5.1 环绕(.L .R .LS .RS .C .LFE)、4 声道(.L .R .LS .RS)或者影院立体声(.L .R .LS .RS)。此处使用的是基于后缀的文件命名常用方法。

平方根级(SqrtMagnitude):对输入信号左右声道的平方之和求平方根,并输出其结果。

立体声输入 4 声道输出(StereoInOutput4):将两个立体声输入信号送入 4 声道系统并输出。因为 StereoInOutput4 是多声道输出,所以此声音物件仅能用作信息数据流图的最后一个模块,或者作为多声道处理模块的输入,如 MultiToMultichannel。

立体声输入 8 声道输出(StereoInOutput8):将两个立体声输入信号送入 8 声道系统并输出。因为 StereoInOutput8 是多声道输出,所以此声音物件仅能用作信息数据流图的最后一个模块,或者作为多声道处理模块的输入,如 MultiToMultichannel。

立体声效果器(Stereoizer)：将单声道处理声音物件转换为立体声处理声音物件，并且可以单独控制左右声道。

2声道立体声调音台(StereoMix2)：混合两个输入信号，每个输入都有各自的声相和衰减控制。

4声道立体声调音台(StereoMix4)：混合4个输入信号，每个输入都有各自的声相和衰减控制。

弦波集成(SumOfSines, SOS)：基于两个波谱分析文件进行声音重合成，可以选择进行时间拉伸，实时检索回放分析文件，执行交叉合成以及两个分析文件之间的过渡。(构建初衷是为西安一家迪斯科舞厅的音乐基础。然而这个声音物件却没有迪斯科舞厅那么难找，只要用⌘B搜索SumOfSines即可找到。)

环绕声效果器(Surroundifier)：通过将一个立体声输入分配到L、R、LS、RS、C和LFE，生成伪5.1环绕声混音系统。

队列合成波谱(SyntheticSpectrumFromArray)：根据振幅和频率值构成的阵列生成合成波谱。如果选中*SendBandwidths*参数区域复选框，就生成相关的带宽阵列。SyntheticSpectrumFromArray 可以作为 OscillatorBank, FormantBankOscillator、FilterBank，CloudBank 或者 VocoderChannelBank 等声音物件的输入。

声音物件合成波谱(SyntheticSpectrumFromSounds)：生成合成的波谱，其振幅和频率(带宽可选)由两个声音物件输入信号控制，一个输入提供振幅值，另一个则提供频率值(可选择性地根据带宽值改变)。

Tau 播放器(TauPlayer)：回放 Tau 文件(事先由 Tau 编辑器生成)，并对其中的.psi文件进行混合或者变形功能运算，同时也具有调整频率、共振峰、振幅以及回放文件速率的功能。

阈值(Threshold)：当超过特定阈值时输出1，否则输出0。

时间控制(TimeControl)：减慢或者加快输入的播放速率，播放速率是通过输入声音物件进行计算，这样就会影响输入声音物件回放起始点。它的主要用途在Timeline 中体现，作用与 WaitUntil 类似(但是在此处是改变黄色时间光标的运动速率，而不是完全停止)。

时间频率缩放(TimeFrequencyScale)：对指定的音频文件同时进行时间拉伸和频率缩放。

时间偏移(TimeOffset)：将输入的开始时间推迟指定的时间量。如果设定了*Retrograde*(倒退)或者 *Reverse*(反向)参数区域，常数零将加在输入的末尾。

TimeOffset 在处理带有混响或者回声的信号流图中非常有用，可以加入一定的静音时间使信号逐渐消失。（注意：由于 SetDuration 物件的出现，此声音物件现在的使用价值降低了。）

时间停止器（TimeStopper）：一旦其输入已经载入到 Pacarana 且已经开始播放时，TimeStopper 将停止 Pacarana 上的时间运行。时间在 *Resume（恢复）* 参数区域变为非零以后继续运行。TimeStopper 主要用于时间轴（参见 WaitUntil）。

触发采样和保持（TriggeredSampleAndHold）：当被触发时对输入信号进行采样，并且在收到下一次触发时输出采样值。

触发声音物件全局控制器（TriggeredSoundToGlobalController）：当被触发时 TriggeredSoundToGlobalController 生成一个事件值，与 *Value（数值）* 参数区域中的一个数字、一个粘贴的声音物件或一句表达式对应，生成的事件值可以用来控制其他声音物件的参数。

可调声码器（TunableVocoder）：使用边带控制带通滤波器来过滤输入信号，其中数字、空间（指数或者线性空间）、频率、电平以及带宽可以被实时控制。

双共振峰分量（TwoFormantElement）：使用两个平行带宽滤波器过滤输入信号，滤波器的中心频率和带宽可以设定。

双共振峰声音分量（TwoFormantVoiceElement）：使用两个平行带通滤波器来过滤固定激励信号（类似于声门脉冲），滤波器的中心频率和带宽可以设定。激励信号的频率可变。

变量（Variable）：在信号流图中代表一个单一声音物件，x 在 2 + x 这个算式中代表一个数字，变量的道理与之一样。赋予变量的数值可以使用脚本。

压控振幅（VCA）：与输入信号相乘；可以使用振幅包络运用于声音物件。

压控频率（VCF）：效仿传统的模拟压控滤波器来过滤其输入信号。

声码器（Vocoder）：使用边带控制带通滤波器来过滤输入信号，滤波器的中心频率、带宽和电平可以设置。

声码器声道组（VocoderChannelBank）：使用边带控制带通滤波器过滤输入信号，其带宽和中心频率可以设定。（多数情况下，使用 Vocoder 是一个不错的选择。）

条件等待（WaitUntil）：延迟输入信号的开始时间，直到 *Resume（恢复）* 参数区域数值变为非零才重新开始。此声音物件主要应用于时间轴。如果一个 WaitUntil 物件放置在时间轴的一个音轨上，当时间光标到达 WaitUntil 的位置，黄色时间光标停下（针对所有音轨），直到满足恢复的条件，时间光标才继续前行。

时间索引变形器（WarpedTimeIndex）：对于所有含有 *TimeIndex（时间索引）* 参

数区域的声音物件产生斜率可变的不均等、非线性或者扭曲的时间索引。

　　波形生成器（**Waveshaper**）：基于一个波塑形函数，将输入信映射到输出。波形塑造函数可以是一个波形或者一个多项式。

　　泽纳基斯振荡器（**XenOscillator**）：通过连接由 *XValues* 和 *YValues* 参数区域设定的断点值来确定并输出波形，其频率和振幅都可以设置。断点值可以实时改变，用来制造连续可变的波形。

第十四章 时间轴(Timeline)

第一节 时间轴上的声音模块表示

至此我们讨论了Kyma声音模块中很多种由数据驱动的声音合成、声音修饰和声音控制技术。现在我们来讨论一下如何对这些声音模块进行排列、混合和空间设置,以及如何实现自动化或者用实时数据流控制其他音乐参数。

时间轴界面的主要作用是:

1.按一定顺序排列声音模块的发生序列;

2.按一定层次加叠声音模块;

3.按一定路径和空间顺序处理声音模块以及控制声音模块的数据映射到相应的参数中。

这些作用使时间轴成为设计结构、作曲或者即兴创作,以及塑造音乐历程的理想环境。

时间轴与传统数字音频工作站有很多相似的地方,但是大家应该要明确其根本的不同点。现在我们来看看两个最重要的不同点。首先,典型的数字音频工作站(DAW)回放的是*音频文件audio files*,而Kyma回放的是*算法algorithms*。虽然有些情况下Kyma回放的算法可能仅仅是"回放音频文件"这一指令,但是通常情况下算法要依赖于没有确定性的CapyTalk表达式,或者要依赖无法预测的现场输入。这也就引入了第二个很大的不同点。数字音频工作站显示的是确定波形,而Kyma在声音算法最后实时处理之前通常没有固定的,或者甚至没有明确的波形。这一不同点也就意味着Kyma并没有在时间轴内显示波形,而是显示在时间轴内特定轨道上,代表一定时间长度的算法矩形框。我会把时间轴想象成为一个巨大的声音物件,它将许多不同功能的声音模块结合在一起,组成了一个虚拟工作区。这也使时间轴成为一个全封闭的工作环境。

虽然有这些基本的不同点,Kyma时间轴在很多方面看起来、操作起来很熟悉。下面我来描述一下时间轴,声音模块是如何表达、放置、回放、在时间轴中被控制,以及声音模块的音频信号如何在时间轴内映射、发送。在此过程中,我们还会讨论许多方便时间轴操作的按钮和菜单。

要创建一个新的Kyma时间轴,则选择File菜单中的New（⌘N）并选择Timeline(图表277),

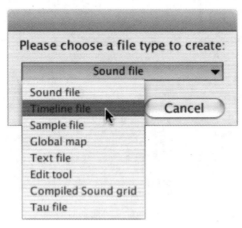

图表277　**创建一个新的**Kyma**时间轴文件**

打开一个空白的时间轴文件(图表278)。

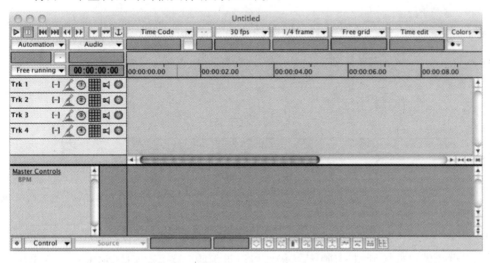

图表278　**空白的时间轴**

第二节　在时间轴内放置声音物件

在Kyma时间轴内放置声音模块，从Kyma声音模块文件、声音模块浏览器、模型工具条或者声音模块编辑器中拖出一个声音模块，放在时间轴的中间区域（图表279）。

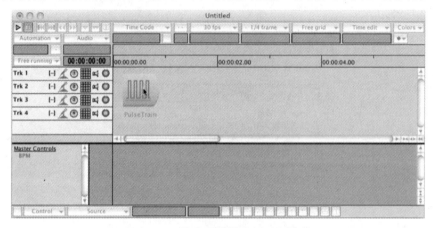

图表279　将声音模块拖到时间轴内

这一操作的结果是在时间轴的轨道2上放置了一个代表声音模块的矩形框（图表280）。第二轨道矩形框的标记直接位于光标处。

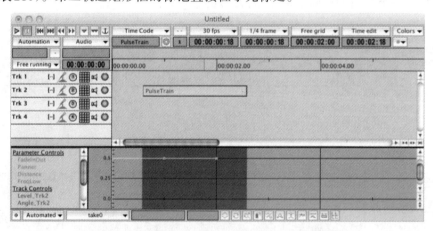

图表280　放置在时间轴中代表声音模块的矩形框

声音模块放置到时间轴中后，仍然可以被编辑。要编辑时间轴中的声音模块，则双击矩形框打开声音模块的声音编辑器窗口。

如果要移动一个声音模块，就选择靠近矩形框左边或者中间位置，将其拖动到一个新的位置。注意声音模块对应"鬼影"的新位置（图表281）。

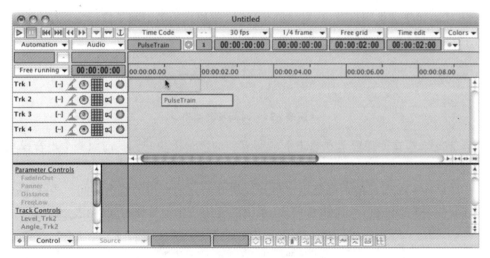

图表 281 时间轴上重新定位的声音模块

选定的声音模块也可以在时间轴中向前或向后调整,从细分目录中选择帧、拍或者秒作为最小单位,使用计算机键盘的左右箭头按键左右移动即可(图表282)[1]。

图表 282 时间细分目录

通常情况下,时间单位是秒、拍或者帧的片段。如果需要将矩形框向前或者向后移动稍微大一点的距离,则按住 Shift 键并点击水平箭头。这种稍大一点的时间单元通常是指秒、拍或者帧。

如果要将声音模块移动到上面或者下面的轨道,则使用电脑键盘的上下箭头按键或者将声音模块拖到一个新的轨道。

Grid Menu(网格菜单)指定了在当前所处位置下如何控制时间轴上的声音模块(图表283)。

图表 283 网格菜单

菜单中有4种操作模式:自由(Free)、量化(Quantized)、磁铁(Magnet)、输入拍子或时间(Enter Beat or Time)。

*Free*模式允许将声音模块放置于时间轴的任何位置;*Quantized*模式使声音模块

①在第184页介绍了如何选择不同的计时方法。

开头移动到与量化网格对应,量化网格以秒、节拍或帧为时间单位标定。量化的单元在菜单左边的网格目录中确定(图表284)。

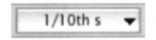

图表284 时间细分菜单

*Magnet*模式使得放置在轨道上的所有新的声音模块"吸附"前面一个声音模块的结尾处——就像磁铁一样。

*Enter beat or time*模式可以指定声音模块开始之前留出的空白时间。当在*Enter beat or time*模式下放入一个声音模块,系统需要用户指定具体时间(图表285)。

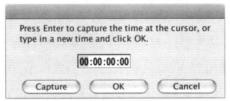

图表285 输入节拍或时间对话框

输入一个时间值并点击OK。

对话框的显示可能稍微不同,这取决于Kyma定时的方式。例如,使用时间编码(Time Code)、节拍与小节(Bars and Beats)、分与秒(Minutes and Seconds)或是秒钟(Seconds)。

把声音模块的时值拉长或者变短的方法是:点击矩形框最右边,并拖动到新的长度位置。同样要注意声音模块新时长所显示的"鬼影"(图表286)。

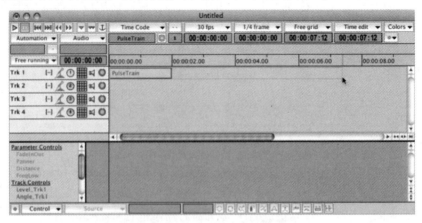

图表286 拖动声音模块得到新的时长

图表287所示为拖动并改变时长的结果。

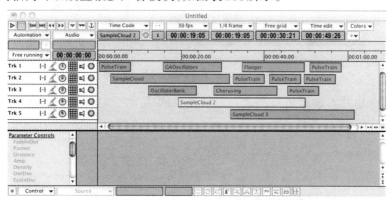

图表287　拖动矩形框之后的新时长

这里的声音模块(我提醒过大家,其实是算法)回放时长接近7.5秒。

时间轴内可以放置很多声音模块,如图表288所示。

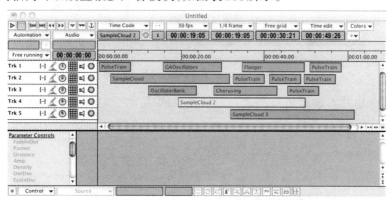

图表288　时间轴内的众多声音模块

位于时间轴上方窗口的右下角有3个按钮,控制显示的时间轴范围(图表289)。

图表289　时间轴的显示控制

点击左边的按钮 ，显示时间轴窗口中更多的可视部分(相当于缩小)。

点击中间的按钮 ，显示时间轴窗口中更少的可视部分(相当于放大)。

点击右边的按钮 ，调整适应窗口按钮,使所有声音模块都显示在窗口内,也就不需要滚动条。

时间轴显示声音模块开始和结束的方法有很多种。声音模块的大概时间位置可以通过观察声音模块与时间轴上方的 Time Ruler(时间尺)在水平方向上的关系来获取(图表290)。

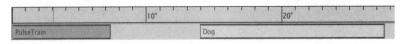

图表290　以秒为单位显示的时间尺

上述例子当中,声音模块"Dog"从原来14.00秒近似地延伸到27.5秒。

时间尺可以设置成以 SMPTE Time Code, Bars and Beats, Minutes and Seconds 或者仅用 Seconds 来显示时间。这个菜单位于时间轴的左上方(图表291)。

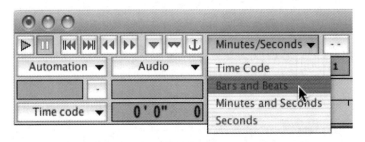

图表291　选择时间轴如何显示时间

这个菜单的右边是另外一个与时间相关的菜单,在这里可以设置每秒的帧数或者每小节的拍数(图表292)。

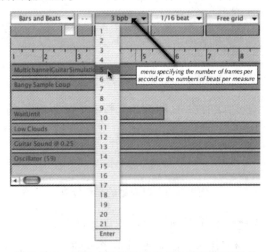

图表292　设置每秒帧数或者每小节拍数的菜单

更右边的一个菜单则指定每帧、每拍或每秒有多少个细分的间隔(图表293)。

这个菜单内容的变化取决于基本时间分隔单位是帧、拍或是秒。

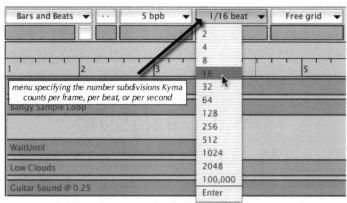

图表293　指定每帧、每拍或每秒细分分隔数量的菜单

下图显示的是辅助时间信息(图表294)。

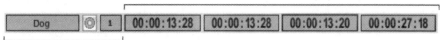

图表294　时间轴菜单

位于上方的方括号中,信息从左到右显示的是:开始时间、定位点时间、时长,以及所选声音模块或模块组的结束时间。如果要更改任何数值,则直接输入一个新的时间值,然后点Enter[①]。

第三节　风格设置

在此阶段,请允许我打断Kyma功能方面的介绍,转而讨论一下时髦人士感兴趣的内容。在我们一直讨论的相同区域中,有两个菜单引起我的注意:一个是改变时间轴整体颜色的设置,另一个是改变所选声音模块颜色的设置(图表295)。

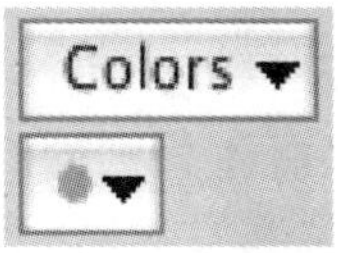

图表295　Kyma风格菜单

①如果多个声音模块被选中,时间值将与所选的第一个声音模块位置相对。

大家可以去尝试不同的可能性组合。在某种原因下，某个风格设置可能较适合当前时间轴；而在另外的原因下，其他的风格设置可能又更合适。如果希望时间轴具有时尚、华丽的风格的读者，我建议你使用"Waldo"；喜欢哥特风的读者选择"New York"也许更合适。

第四节　播放时间轴

要播放时间轴，则从Action录中选择Compile，Load，Start（⌘P），或者同时按下Ctrl+Space键。

要暂停时间轴的播放，则按下Space键。

当播放时间轴时，一个黄色光标从左至右移动，显示当前播放的时间。播放停止时，黄色光标的位置就是停止的位置（图表296）。

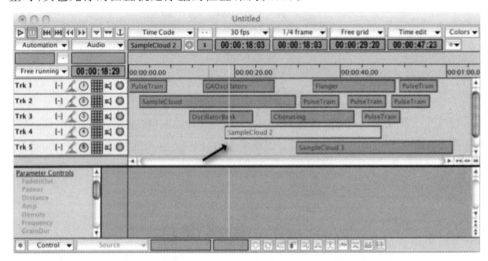

图表296　黄色光标显示的是时间轴当前播放时间

如果要播放时间轴中的任何位置，则点击时间尺上的时间，然后按下Space键。

如果要回放选中的某个声音模块，则按住Option同时点击此声音模块将其变成"白色"，然后按下Shift+Space键并输入"Play-Only-Marked"声音模块模式。如果要将多个选择的声音模块变成"白色"，则同时按下Shift+Option键并点击需要的声音模块（图表297）。

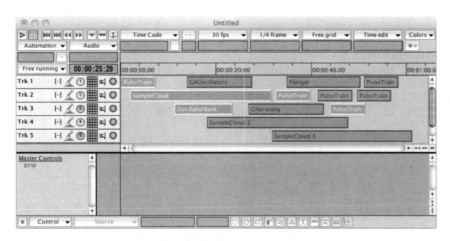

图表297　仅播放被"标识"的"白色"声音模块

如果要将"白色"声音模块变回原来的播放模式,则再次按下Shift+Option键并点击这些声音模块。

正如我们熟悉的多轨道录音机面板,Kyma时间轴也提供走带控制(图表298)。

图表298　时间轴走带控制

最重要的两个按钮是最左边的两个按钮,▷和⏸,用来切换播放和暂停。

正如多轨模型,Kyma时间轴同样使用了轨道的概念。这些轨道的编号都显示在时间轴的左边(图表299)。

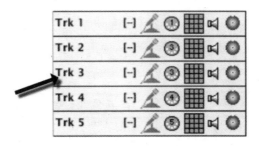

图表299　时间轴的轨道

按住Option键点击相应轨道的扬声器图标,可以将这个轨道静音。按住Option+Shift键点击相关轨道上的扬声器图标,则将多个轨道静音。点击相应轨道上的扬声器图标,则单独播放一个轨道。按住Shift键并点击相应轨道上的扬声器图标,可以播放多个轨道(图表300)。

图表300　单独播放以及静音图标

如果要取消一个轨道的静音,则再次按住Option键点击扬声器按钮。如果要取消单独播放某一轨道,则再次按住Shift键点击扬声器按钮。

如果要设置接收MIDI信息或者控制数据的MIDI通道,则点击其MIDI图标①,进入下拉菜单(图表301)。

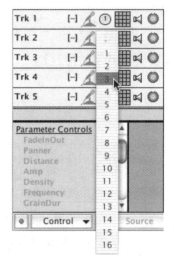

图表301　设置轨道的MIDI通道

如果轨道要接收音频信号,就必须分配输入。分配音频输入,请点击[→](位于轨道数的右边),然后会出现允许选择的输入通道(图表302)。

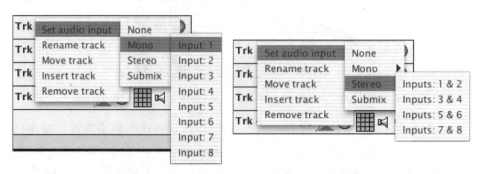

图表302　设置轨道的单声道或者立体声音频输入

这个菜单(图表302)也提供将一个轨道向上或者向下移动的功能(图表303)。

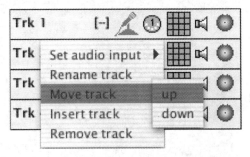

图表303 将轨道向上或者向下移动的菜单

在当前所选轨道上方或者下方插入轨道(图表304),或者将所选择轨道整体删除。

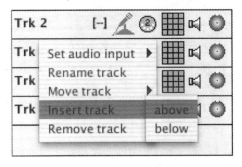

图表304 向当前所选轨道上方或者下方插入轨道的菜单

第五节 在时间轴中控制声音物件

Kyma提供了三个类型的控制来实现对时间轴上声音模块的控制:参数控制(Parameter Controls)、轨道控制(Track Controls)和主控制(Master Controls)。Parameter Controls与包含在单个声音模块中的事件值对应。一旦声音模块停止了,相应控制也就停止了。Track Controls控制指定轨道中的所有声音模块,作用于此轨道的整个时间轴长度。Master Controls影响所有轨道的全部声音模块(当且仅当一个声音模块本身的参数从属于全局、主控制器时成立)。主控制作用于整个时间轴。

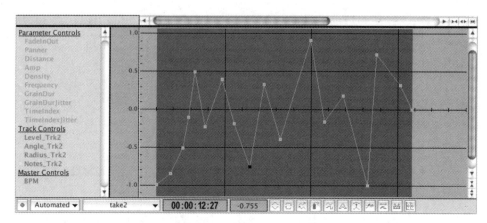

图表305　时间轴的控制窗口

　　时间轴轨道下面的两个窗口用来执行此控制。在图表305的例子中,一系列的参数、轨道和主控制都显示在左边,自动控制数据点随时间变化标识在右边窗口。我们首先来看参数控制。

一、参数控制(Parameter Controls)

　　参数控制只针对声音模块,且仅作用于所选声音模块(或声音模块组)。每个声音模块都有3个默认控制:*FadeInOut*(*淡入淡出*)、*Panner*(*声相*)和*Distance*(*距离*)。*FadeInOut*,控制单个声音模块的电平。数值1.0表示单位增益,0.0表示静音。大于1.0的数值表示更大的分贝,2.0表示增益提高大约6dB。*Panner*和*Distance*控制与轨道控制功能相关,因此我这里不展开讲解,在后面讨论轨道增益中空间位置这部分时再做讲解。

　　所选声音模块的每个事件值都显示在参数控制序列中。上例中*Amp*(*振幅*)、*Density*(*密度*)、*Frequency*(*频率*)、*GrainDur*(*谷粒时长*)、*GrainDurJitter*(*谷粒时长抖动*)、*TimeIndex*(*时间索引*)和*TimeIndexJitter*(*时间索引抖动*)在所选声音模块中的事件值为!Amp,!Density,!Frequency,!GrainDur,!GrainDurJitter,!TimeIndex和!TimeIndexJitter。

　　勾画包络来实现参数控制在技术上等同于VCS中移动推子来提供数据。(我说技术上等同是因为非实时控制与实时控制往往有很大差异)

　　紧挨着参数名称的绿色圆点是*实时*(*Live*)控制参数,可以通过虚拟控制界面实时控制,或者来自于Kyma外部的实时数据流(例如MIDI控制器、任天堂游戏柄、Wacom数字画板或者软件编程环境如Max)来控制。没有绿色圆点的参数由包络自动化控制(图表306)。

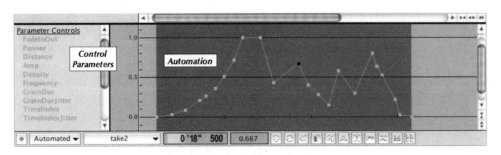

图表306 控制列表以及时间轴的自动控制

图表306中,自动控制 *TimeIndexJitter* 参数的数值显示在右边窗口。我们知道这是因为当前左边参数列表中 *TimeIndexJitter* 参数高亮(蓝色)。控制包络的任何一个断裂点都可以被选中,并随光标拖动到新的位置。要删除一个断裂点的方法是:选中它并且按下 delete 键。如果要插入一个新的断裂点,则按下 Option 键并在合适的数值处点击鼠标。如果要查看断裂点的确切数值,就选择该点,其相应时间数值将显示在时间轴的底部(图表307)。

图表307 显示所选包络断裂点的时间位置和数值

此外,控制声音模块在时间轴上位置的四个 Grid 模式,也同样作用于控制包络中的断裂点位置。

任何参数控制都可以通过使用直接位于控制列表下面的菜单,修改为"实时的""自动的"或者第三种选择——"从属"(图表308)。

实时控制时间轴的过程可以被记录在时间轴的自动控制区域中。要启动参数控制,则选择参数,然后点击位于时间轴左下方的录制按钮(图表309)。

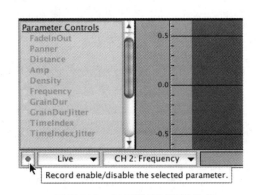

图表308 参数控制菜单　　　　　图表309 时间轴录制启动按钮

这一操作将会导致圆点颜色的变化，相应的一个或多个参数被置于录制的状态（图表310）。

图表310　时间轴启动录制按钮

如果要从时间轴的起始开始录音，则按下 Ctrl+Space 键。停止录音，按下 Space 键。这样操作的录音结果可能类似如图表311所示结果。

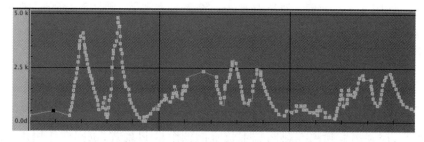

图表311　时间轴中录制的自动控制包络

如果要从时间轴起始点之外的位置开始录音，则首先启动录制按钮，点击时间标尺来指定开始时间，然后按下 Space 键。

录制次数没有限制——Kyma 保留所有的录制过程，分别给它们命名为 take0、take1、take2 等等。每个录制的过程可以通过 take 菜单调出，take 菜单位于时间轴底部左边（图表312）。

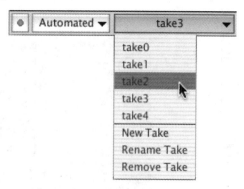

图表312　时间轴的 Take 菜单

二、轨道控制

如果说参数控制与声音模块紧密相连,轨道控制作用范围就是一条轨道上的所有声音模块。轨道控制列表显示了对轨道包含的所选声音模块的控制。绘制、录制或编辑控制包络的所有选项在轨道控制中都是可用的。

对所有轨道的默认轨道控制包括三个重要的控制:*Level*(*电平*)、*Angle*(*角度*)和 *Radius*(*半径*)。*Level*控制某一轨道的电平。1.0表示单位增益,0.0表示无声。大于1.0的值则加大增益,2.0表示提高大约6dB增益。*Level*的作用类似于*FadeInOut*(淡入淡出),唯一不同的是其作用范围是整个轨道而不是单个声音模块。

*Angle*控制着对应于处在中心位置听众的声相位置。在立体声视听环境中,0 表示声音模块位置在最左边,1表示声音模块位置在最右边,0.5表示声音模块位置在中间,如图表313所示。

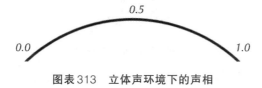

图表313 立体声环境下的声相

在环绕声环境下,*Angle*用0~2数值范围描述声相位置,0表示声音模块位于听者的最左方,0.5表示声音模块位于听者的正前方,1表示声音模块位于听者的最右方,1.5表示声音模块位于听者的正后方,如图表314所示。数值大于2(或者小于0)时,Kyma自动回绕到0~2之间,因此数值2与0表示的声相位置是一样的,数值2.5与0.5表示的声相位置是一样的,数值3与1.0表示的声相位置是一样的,等等。

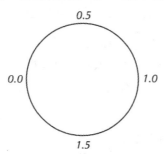

图表314 环绕声环境下的声相

*Radius*描述的是声音模块与位于概念圆圆心处听者之间的距离。1表示声音模块就位于概念圆上,大于1或者小于1分别表示在圆外部或者圆内。*Radius*的值为0时表示在圆心(从概念上理解位于听者头部),有助于将声音模块放置在使所有音箱处于相同电平的位置。声音模块的*Panner*和*Distance*值(显示在参数控制下方)与轨道位置设定相关,可以将其设置成轨道*Angle*和*Radius*的默认值。我个人

认为仅用轨道控制来设置声相位置在概念上更加明确和简单。

三、主控制

有时你需要一个可以控制时间轴中所有声音模块的控制器，那就是主控制的作用。节拍每秒（BPM）控制是一个常见例子。如果没有单一的 BPM 控制，每个声音模块或者轨道就需要设置自己的 BPM 控制（虽然有时这样的控制也是需要的）；而使用主控制的 BPM 后，所有轨道上的全部声音模块都是同样的 BPM 时间总控制。当新建一个时间轴以后，生成的 BPM 便默认作为主控制。

如果要创建一个主控制，则首先点击时间轴上空白位置，然后从位于时间轴左下方的 Control 菜单中选择新的主控制（图表315）。

图表315　主控制菜单

之后会出现一个对话框要求输入新的主控制名称（图表316）。

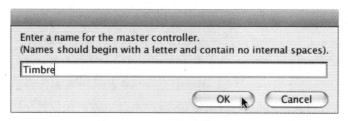

图表316　创建一个新的主控制器

输入一个名字以后点击 OK。新的主控制如 BPM 那样显示在列表中。

Kyma 提供了 Automation 菜单来帮助管理实时控制和自动控制之间，启动录制和关闭录制之间的选择。浏览所有选项，点击位于左上方走带控制下的 Automation 菜单（图表317）。

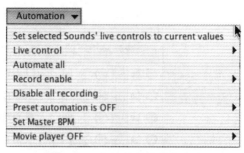

图表317　自动控制的菜单内容

选择全部自动化(Automate all)将自动控制所有选中的声音模块,选择关闭所有录音(Disable all recording)这一选项将关闭所有先前设置为自动控制的控制参数,而设置全局节拍(Set Master BPM)这一选项为主控制BPM设置一个特定值。

如需要将轨道控制(Track controls)、轨道电平(Track Level)和角度控制(Angle controls)、参数控制(Parameter controls)、总线控制(Master controls)或者全局控制(All controls)设置为实时控制,使用方法如图表318所示。

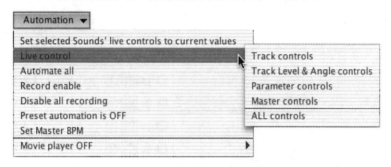

图表318 将不同类别的控制设定为实时控制

如果需要将Track controls,Track Level & Angle controls,Parameter controls,Master controls或者All controls设置为Record enable,则使用方法如图表319所示。

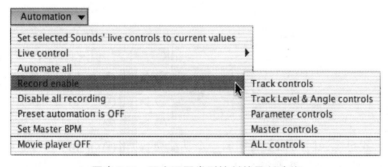

图表319 开启不同类别控制的录制功能

除了管理控制功能,此菜单还提供另外两个有用的操作。

列表中倒数第一个选项视频播放(Movie player),是Kyma用来播放视频文件的工具。使用这里的Movie player菜单选项可以打开电影文件,视频文件与时间轴同时播放。点击时间尺时将同时作用于时间轴和视频的时间。当保存时间轴以后,时间轴和视频间的关联也保存下来了,所以当再次回放时间轴时,视频按照上次保存的对应关系回放。

下面我想向大家介绍插值预置(InterpolatePresets)和插值空间(InterpolateSpace)的概念,它们被方便地移植到了时间轴中。选中预置自动化关闭(Preset automation is OFF），然后点击配置（Configure）（图表320）。

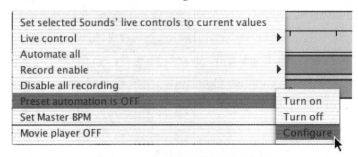

图表 320　为时间轴设置预置控制

主控制可以用于时间轴预置之间的插值控制，其设置窗口如图表321中所示。

图表 321　非实时控制时间轴插值设置

最后，我想谈谈时间轴很有用的一个功能：自动化（Automation）菜单。开发一个声音模块时，往往要投入很多精力在探索和实验阶段，有可能需要对VCS进行各种各样的设置。一旦将VCS所示的参数设置调整设置为期望的数值后，就可以将这些数值写入到时间轴作为自动操作数据。

如果要声音模块VCS预置中写数值到时间轴内，并作为自动操作信息，则使用设置所选声音模块实时控制当前数值（Set selected Sounds'live controls to current value）菜单选项。首先，选择时间轴VCS右上方的下拉菜单中的一个选项（图表322）。

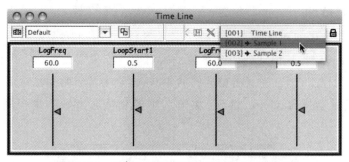

图表322　**选择时间轴**VCS**下拉菜单中的选项**

选择之后VCS仅仅显示与此选项相关的控制器(此例中指Sample 1,图表323)。

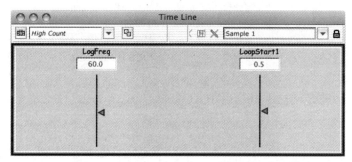

图表323　**从时间轴中选择一个声音模块的**VCS**界面**

之后,选中对应于此声音模块所需的预置,并选中时间轴中对应的声音模块,最后从自动控制菜单中选择Set selected Sounds' live controls to current values(图表324)。

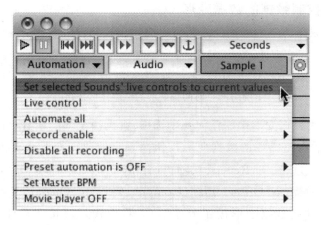

图表324　**自动控制菜单中将所选声音模块的参数值设置为当前数值选项**

四、从属控制

有时一个音乐参数作用于另外一个音乐参数。使一个参数的控制"从属"于另外一个参数的控制,从而达到两个参数平衡对应。如果要设置一个参数从属于另外一个参数的控制,则首先点击被从属的参数,再点击位于时间轴左下方的控制下拉菜单。然后选择 Slave to...选项,从中选出控制从属参数的主控制参数(图表325)。

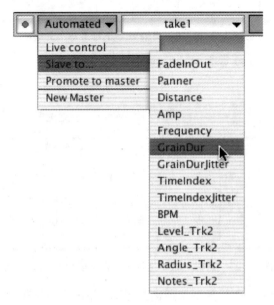

图表 325　时间轴的从属菜单

五、自动控制数据的数据变形

时间轴的最下方有一系列的按钮可以应用于控制包络的数据变形(图表326)。

图表 326　时间轴底部的数据变形按钮

如果要应用数据变形中的任何一个选项,则选择全部的或者一部分控制包络的断裂点,然后点击需要的数据变形按钮。现有的数据变形选项包括:反转(Invert)、循环(Loop)、反向(Reverse)、随机(Spray or random jitter)、方块化(Square off)、缩放(Scale)、清零(Offset)、压缩(Compress)和量化(Quantize)。

将光标移动到数据变形按钮上方不动,将出现对该按钮功能的介绍(图表327)。

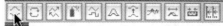

Invert the selected control function around a fixed point. Choose the fixed point by clicking the mouse in the editor.

图表327 数据变形按钮的相关信息

第六节 子混音(Submix)

Kyma允许将一个轨道的输出发送到另一个轨道的输入端。这一操作的实现借助于子混音的概念。

如果要将一轨输出发送到子混音,则点击Submix图标,可以看到子混音菜单(图表328)。

Trk 1
[-]
Send to...
New submix
Disconnect from...

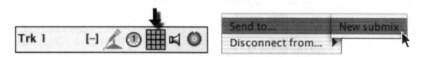

图表328 (左起)子混音图标、子混音菜单

从菜单中选择新建子混音(New submix)创建新的子混音,随后出现一个为子混音命名的对话框(图表329),输入一个名字后点击OK(图表330)。

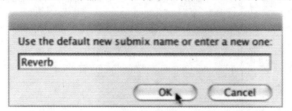

Use the default new submix name or enter a new one:
Reverb
OK
Cancel

图表329 为一个新子混音命名的对话框

Trk 1
[-]

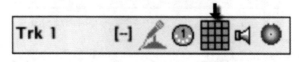

图表330 子混音显示为格子图标上有颜色的方块

子混音图标显示为有颜色的方块就说明已经创建好一个子混音(图表330)。请注意,为新的子混音而生成的轨道控制用来控制该轨的信号电平(图表331)。

图表331　轨道控制中子混音的电平控制

一旦Kyma的子混音创建成功,就可以发送到其他轨道。我们现在来配备一个接收此子混音输出的轨道。

将一个通用音源声音物件(GenericSource)[或者音频输入声音物件(AudioInput)]拖入另一个轨道,并使其与轨道的开始位置对齐(图表332)。

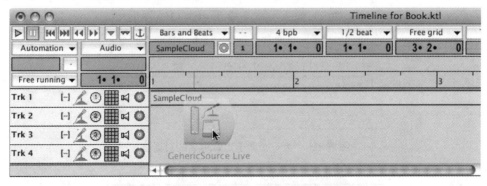

图表332　将一个GenericSource拖到时间轴轨道2

GenericSource内的 *Source*(*来源*)单选框应该设置为 *Live*(图表333)。

图表333　GenericSource的单选按钮

此时,时间轴应与图表334类似。

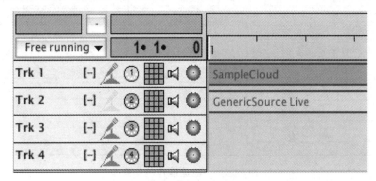

图表334 时间轴轨道2准备接收子混音信号

请注意,此时轨道2的麦克风已经变成了绿色(图表334),表明轨道2在黄色光标所在的时间位置已经可以接收子混音的音频输入了。

如果要指定一个音频输入接收这个子混音,则点击GenericSource所在轨道的[一]图标,出现下拉输入菜单(参见前面的图表302)。菜单底部是子混音(Submixes)选项,选择需要的子混音作为轨道2的输入。

制作效果发送结构也许是将一个轨道信号发送到另外一个轨道的原因之一。假设我将模版工具条中的一个混响效果拖到GenericSource上,就相当于我为轨道2添加了混响。图表335和图表336显示了此过程。

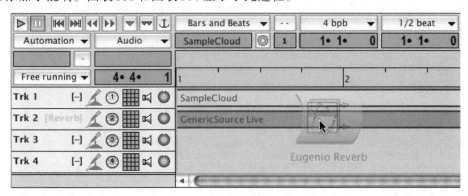

图表335 将混响拖到实时输入上

其结果是所有发送到轨道2的信号都被添加了混响效果。为帮助区分发送信号到子混音的轨道,子混音的名字(此例中为"Reverb")与子混音方格使用相同的颜色,颜色显示在所有发送到子混音轨道的轨道信息处。

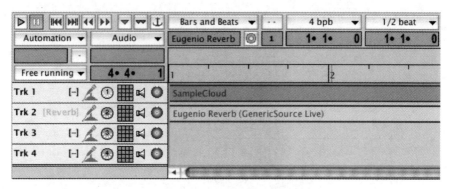

图表 336 **拖放操作的结果**

轨道2当前的信息流图是：GenericSource 输入到一个混响算法（图表337）。

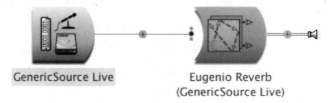

GenericSource Live   Eugenio Reverb
(GenericSource Live)

图表 337 **轨道2拖入声音模块之后新的信息流图**

多个轨道信号可以发送到同一个子混音，一个轨道信号也可以发送到多个子混音。

第十五章　菜单项(Menu Items)

Kyma中的可用菜单包括系统(Kyma X)、文件(File)、编辑(Edit)、数字信号处理(DSP)、操作(Action)、信息(Info)、工具(Tools)和帮助(Help)。菜单项只有在可用时才显示黑色;菜单项不可用时则呈灰色。每个菜单选项总结如下:

 Kyma X　File　Edit　DSP　Action　Info　Tools　Help

第一节　Kyma X菜单——包含的选项提供大部分基本操作控制

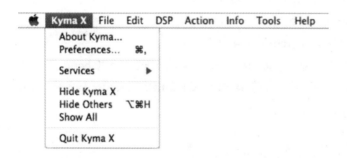

一、关于Kyma(About Kyma)
提供Kyma X软件的版本号。

二、偏好设置(Preferences)
允许用户进行一系列的系统设置,这些设置与系统将如何操作和配置有关。

如果要查看或编辑Kyma偏好设置,则在Kyma X菜单中选择Preferences(图表338)。

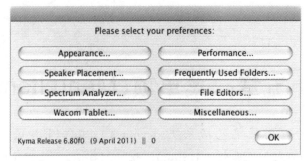

图表338　Kyma偏好设置的8个区域

1. 外观显示（Appearance...）

描述声音物件图标默认尺寸,路径名称将如何显示,浮点型数据如何显示,以及是否为虚拟控制面板的预置参数生成随机的名称。

2. 扬声器摆位（Speaker Placement...）

就扬声器的多种摆位而言,Kyma具有相当的灵活性。扬声器设置,即Kyma与特殊的扬声器配置匹配所对应的方位。已有的预置配置包括：

立体声（45度）Stereo（at 45 degrees）

立体声（90度）Stereo（at 90 degrees）

立体声+低音炮Stereo+Subwoofer

立体声+中置Stereo+Center Channel

立体声+低音炮+中置Stereo+Subwoofer+Center Channel

三声道（虚拟圆周等距摆放）3 Channels（disposed at equal distances around an imaginary circle）

四声道Quad

四声道+低音炮Quad+Subwoofer

四声道+中置Quad+Center Channel

四声道+中置+低音炮Quad + Center Channel+Subwoofer（this is almost 5.1）

四声道（虚拟圆周等距摆放）4 Channels（disposed at equal distances around an imaginary circle）

五声道（虚拟圆周等距摆放）5 Channels（disposed at equal distances around an imaginary circle）

六声道（虚拟圆周等距摆放）6 Channels（disposed at equal distances around an imaginary circle）

七声道(虚拟圆周等距摆放)7 Channels (disposed at equal distances around an imaginary circle)

八声道(虚拟圆周等距摆放) 8 Channels (disposed at equal distances around an imaginary circle)

八声道(外部1~4，内部5~8)8 Channels (Outer 1~4, Inner 5~8)

5.1环绕声 Surround 5.1

7.1环绕声 Surround 7.1

定制配置也可以。

Kyma对空间化处理特别有用，一个八声道的作品可以在仅仅几分钟时间内进行声道转换。例如，利用这些偏好设定转换成四声道的作品，无需对原有声音模块进行声相调整。

3.频谱分析(Spectrum Analyzer...)

为频谱分析提供基本设置。这些设置与频谱分析仪的显示相关，而与工具(Tools)菜单中选择的频谱分析(Spectrum Analysis)选项无关。

4. Wacom数位板(Wacom Tablet...)

Wacom是为艺术家、动画设计师、插图画家研制的数位板，由日本公司研发生产。根据笔在数位板上放置的位置，笔在数位板上移动的方式，笔接触数位板的压力，以及笔倾斜的程度，生成大量有趣的数据流，并发送给Kyma。在Wacom数位板下的设置包括：笔尾和所有按钮的操作、放置于数位板中心位置的MIDI音符数字、八度的总个数，以及如何四舍五入得到MIDI音符数字。

5. 演奏设置(Performance...)

为系统输出电平(System Output Levels)、"输入—输出"延迟时间(毫秒数)(Input-to-output Delay)、硬盘查阅输入—输出延迟时间(毫秒数)(In-to-Out Delay for Hard Disk Access)、特殊MIDI设置(Special MIDI Settings)，以及视频(Video)帧率和格式。

6. 常用文件夹(Frequently Used Folders...)

指定Kyma在搜寻必需文件时首先访问的文件夹。如果Kyma持续地要求载入特定文件，检查此文件夹，确保必需的文件都包含在内。

7. 文件编辑器(File Editors...)

如果要使用Kyma的外部文件编辑器来修改Kyma文件，就进行此项设定。例如，Kyma有自己的编辑器来编辑音频文件；然而，其他软件，如Audacity或者Peak可以在这里被指定为Kyma的音频文件编辑器。

8. 其他（Miscellaneous...）

确实是一组零星的设置。下图中分享我的基本设置（图表339）。

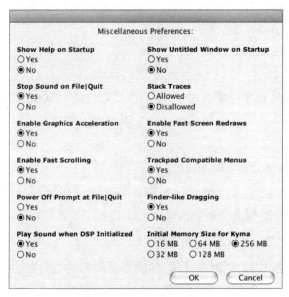

图表339 其他偏好设置窗口

在这些其他偏好设置中，我想特别指出Kyma初始内存容量（Initial Memory Size for Kyma）设置，因为它影响到Kyma运行速度和使用感受。

关于这些偏好设置更多的介绍请参见 *Kyma X Revealed* 手册355~356页的介绍。

三、隐藏Kyma X（Hide Kyma X）

如果要隐藏Kyma X，则选择Kyma菜单下的Hide Kyma X选项。

四、隐藏其他（Hide Others）

如果要隐藏其他打开的软件，则选择Kyma菜单下的Hide Others选项。

五、显示所有（Show All）

如果要看到所有已打开的软件，则选择Kyma菜单下的Show All选项。

六、退出Kyma X（Quit Kyma X）

第二节　文件菜单(File Menu)—— 包含的选项与新建和保存已有的Kyma文件操作相关

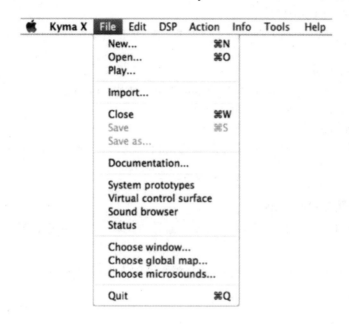

一、新建(New...)

如果要新建一个文件,则从File菜单中选择New...选项。选择New...打开一个对话框,需要用户选择一种文件类型。所有的文件类型如下:

文本文件(Text file)

时间轴文件(Timeline file)

声音文件(Sound file)

采样文件(Sample file)

全局地图(Global map)

编辑工具(Edit tool)

编译的声音模块网格(Compiled Sound grid)

Tau 文件(Tau file)

选择文件类型,再点击New按键(或者按下Enter)

二、打开(Open...)

如果要打开一个已有文件,则从File菜单中选择Open...选项。

三、播放(Play...)

如果要在不打开一个文件情况下播放它,则从 File 菜单中选择 Play...选项。

四、导入(Import...)

如果要使用非 Kyma 固有的文件类型,则从 File 菜单中选择 Import...选项。

五、关闭(Close)

如果要关闭已开启的窗口,则从 File 菜单中选择 Close 选项。

六、保存(Save)

如果要以当前文件名来保存已开启窗口内的内容,则从 File 菜单中选择 Save 选项。

七、另存为(Save as...)

如果要以其他文件名来保存已开启窗口内的内容,则从 File 菜单中选择 Save as...选项。

在文件列表中,选择文件夹和输入文件名称来保存已开启窗口的内容。点击 Save 将窗口中的内容保存在该文件中。

八、参考资料(Documentation...)

打开 Kyma 参考文件的一个索引。

九、系统模型(System prototypes)

打开系统模型工具条。

十、虚拟控制面板(Virtual control surface)

打开虚拟控制面板(VCS)。

十一、声音模块浏览器(Sound browser)

调出声音模块浏览器。

十二、状态(Status)

打开状态窗口。状态窗口监视主机内存使用情况。而对于回收(Recycle)按钮,当这个窗口打开,Kyma 自动回收内存。如果 Finder 中的文件位置发生了变化,点击 Recycle 按钮是一个好办法,这使得 Kyma 立即清空缓存,所以它将搜索这些文件,找到它们新的位置。状态窗口的下方提供了当前声音模块载入、编译的 MIDI 输入和事件值的相关信息。

十三、选择窗口(Choose window...)

从所有当前打开窗口中选择一个窗口。使用⌘~来循环选择所有窗口。

十四、退出(Quit)

如果要退出Kyma X，则从File菜单中选择Quit选项。

第三节　编辑菜单(Edit Menu)

包含的选项与已存在Kyma文件的修改相关。

```
 Kyma X   File   Edit   DSP   Action   Info   Tools   Help
                  Undo              ⌘Z
                  Redo

                  Cut               ⌘X
                  Copy              ⌘C
                  Paste             ⌘V
                  Paste special...
                  Paste hot...      ⌘H

                  Clear
                  Trim
                  Evaluate          ⌘Y
                  Stop evaluation   ⌘U

                  Select all        ⌘A
                  Find...           ⌘F
                  Find again        ⌘G
                  Replace...        ⌘J
                  Replace again     ⌘T

                  Large window...   ⌘L
                  Zoom in           ⌘]
                  Zoom out          ⌘[

                  Clean up
                  View...

                  Preferences...
```

一、撤销(Undo)

撤销一个编辑操作。

二、重做(Redo)

对一个声音模块、文件或时间轴重做上一个操作。

三、剪切(Cut)

移除所选部分(不管所选对象是一个声音模块、音频文件或是字符)，并将其放置于剪贴板。

四、复制（Copy）

将所选部分放置于剪贴板（不管所选对象是一个声音模块、音频文件或是字符）。

五、粘贴（Paste）

将剪贴板中的内容粘贴到所选部分之上，或粘贴到操作区域的指定编辑点处。

六、快速粘贴（Paste special...）

提供一个存储在剪贴板中的列表，列表包括最后五个文本对象。用户可以选择列表中的一个对象，将其插入到操作区域的指定编辑点。

七、热门粘贴（Paste hot...）

从常用事件值和表达式或CapyTalk信息的完整列表中选择对象进行粘贴。

八、清除（Clear）

清除所选部分或项目。

九、修剪（Trim）

删除未选择部分或项目。

十、评价（Evaluate）

对所选部分作为Smaltalk表达式进行评价，并打印结果。

十一、停止评价（Stop evaluation）

停止一个评价进程或中断一个声音模块的编译。

十二、选择全部（Select All）

选择一个文本的所有内容或参数区域。

十三、查找（Find...）

在操作区域中查找一个字词、数字或字符串。

十四、重复查找（Find again）

重复上一个查找操作。

十五、替换（Replace...）

用另一个字词、数字或字符串替换原有的字词、数字或字符串。

十六、重复替换(Replace again)

重复上一个替换操作。

十七、放大窗口(Large window...)

延展参数区域到全屏显示。

十八、放大(Zoom in)

放大信号流图表中的图符或参数区域中的文字。

十九、缩小(Zoom out)

缩小信号流图表中的图符或参数区域中的文字。

二十、整理(Clean up)

将信号流图中的图标排列整齐,或整理在一个声音文件窗口中的声音模块。

二十一、查看(View)

从可以查看的两种信号流表达方式中选择。

二十二、偏好(Preferences...)

与 Kyma X 菜单下的偏好选项一样(但是这是 Windows 用户期望找到偏好设置的地方)。

第四节　数字信号处理菜单(DSP Menu)

包含的选项与 Pacarana 的监测或配置相关

一、停止（Stop）

停止正在播放的声音模块。

二、重启（Restart）

重新播放刚播放完的声音模块。

三、状态（Status）

调出一个窗口，这个窗口监测CPU使用、音频输入和音频输出电平，选择采样率和数字时钟源，选择一个音频接口，以及配置音频和MIDI输入和输出。

四、配置MIDI（Configure MIDI...）

调出一个窗口，这个窗口中可以设置默认MIDI通道和其他MIDI相关偏好。这个窗口也可以在MIDI信息到达时进行监测。

五、MIDI音符关闭（MIDI notes off）

向所有16个MIDI通道发送全部音符关闭信息。

六、选择DSP（Select DSP）

选择硬件，计算连接到相同火线总线的多个Paca，Pacarana或者Capybara的音频输出信号。

七、初始化DSP（Initialize DSP）

初始化Pacarana。

第五节 操作菜单(Action Menu)——包含可以在声音模块或时间轴上的操作

```
 Kyma X   File   Edit   DSP   Action   Info   Tools   Help

         Compile, load, start              ⌘P
         Compile & load
         Record to disk...
         Compile to disk...

         Collect
         Duplicate                         ⌘D
         Expand                            ⌘E
         Revert

         Set replaceable input
         Set default sound
         Set default collection

         Find prototype...                 ⌘B

         Edit class
         New class from example
         Retrieve example from class
```

一、编译、载入、开始(Compile，load，start)

播放一个声音模块、文件或时间轴。更具体地说，编译(compile)是将信号流的图形表达重写到Pacarana能够理解的时间标记指令序列中，以及确定程序(正在下载的程序)应该如何划分子单元，以分配给Pacarana不同的处理器；载入(load)是指向性地将这些指令通过火线连接发送给Pacarana；开始(start)指向性地开启这些指令在Pacarana上的运行。

二、编译和载入(Compile & load)

将所选声音模块或时间轴编译和载入到Pacarana，但可以不立即执行。已经编译和加载的声音模块或者时间轴可以通过选择DSP目录下的Restart选项或者点击空格键重新执行。

三、录制到磁盘(Record to disk...)

将一个声音模块或时间轴的音频输出录制到音频文件中，并存储到硬盘。

四、编译到磁盘(Compile to disk...)

将所选声音模块或时间轴的编译版本存储到硬盘上。

五、收集（Collect）

将一个声音文件窗口中的所选声音模块放置到该窗口的子文件中。

六、复制（Duplicate）

复制选中的声音模块或者声音文件窗口中的声音模块。

七、扩展（Expand）

其他声音模块混合在一起构成的若干Kyma声音模块封装版本。扩展操作展现了最底层的构造。扩展操作执行后不可撤销，所以在扩展操作之前应该保存声音模块的复件。

八、恢复（Revert）

放弃声音模块编辑器下方所显示的参数区域的更改。

九、设置替换的输入（Set replacement input）

指派一个声音模块的声音物件，作为其替换输入。

十、设置默认声音模块（Set default sound）

设置默认声音模块，Kyma使用它作为声音模块变量（Sound Variables）的值。

十一、设置默认集合（Set default collection）

分配一个声音模块集合，作为SoundCollectionVariables默认集合的值。

十二、查找模板（Find prototype...）

在模板工具条的内容中查找具体的模板。

十三、编辑类别（Edit class）

修改所选声音模块类别。

十四、从样本中创建新类别（New class from example）

创建一个新的声音模块类别，并指定其属性。

第六节　信息菜单(Info Menu)

包含的选项提供Kyma文件、数据和音频输出的相关信息。

| Kyma X | File | Edit | DSP | Action | Info | Tools | Help |

Get info　　　⌘I
Describe sound
Structure as text
Environment
Reset environment
Full waveform

Oscilloscope
Spectrum analyzer

一、获取信息(Get info)

提供的信息是关于声音模块类别、时长(如果可以)、相对复杂度、所需的采样内存总量,以及选中声音模块的参数值。

二、描述声音物件(Describe sound)

提供所选声音模块类别及其所有参数的完整描述信息。

三、以文本显示结构(Structure as text)

以文本表达方式显示选中声音模块的结构(信号流)。

四、环境(Environment)

显示Kyma变量与取值的当前映射(?在前面,以绿色显示)。

五、重置环境(Reset environment)

清除当前Kyma变量与取值的映射。

六、全波形(Full waveform)

以图形方式显示选中声音模块在指定时间区域的振幅。(注意:这个功能非常有用,它可以实现任意数据流的可视化描述。参见第62页)

七、示波器(Oscilloscope)

播放一个声音模块,并将其以示波器风格显示输出。

八、频谱分析仪(Spectrum Analyzer)

播放一个声音模块,并显示其频谱。

第七节 工具菜单(Tools Menu)——包含的选项是分析工具和提供分析功能

KymaX	File	Edit	DSP	Action	Info	Tools	Help

Tape Recorder ⌘0
Spectral Analysis ⌘1
Synchronizing Spectra ⌘2
RE Analysis ⌘3
GA Analysis from Spectrum ⌘4
Design Alternate Tunings ⌘5
Fake Keyboard ⌘6
File Archivist ⌘7
Output Level Control ⌘8
Clock ⌘9

一、磁带录音机(Tape Recorder)

将音频直接从Kyma录制到主机的硬盘上。

二、频谱分析(Spectral Analysis)

由一个音频文件新建一个频谱文件。

三、频谱同步(Synchronizing Spectra)

打开一个对话框,对两个之前新建的频谱文件进行临时同步。

四、共振/激励分析(RE Analysis)

由一个音频文件创建一个文件,用于使用共振/激励(Resonator/Excitation)合成方法为RE synthesis的重合成,以及REResonators声音物件类。

五、分类加法合成频谱分析(GA Analysis from Spectra)

由一个谐波频谱文件创建一个文件,用于使用分类加法合成方法与GAOscillators声音模块类的重合成。

六、设计备用调律(Design Alternate Tunings)

用户可以设计备用调律,设定每个八度音级数,根据平均律或其他比率,任意音分的指定进行调律,或者将频率(赫兹)与键盘数字设定任意映射关系。

七、虚拟键盘(Fake Keyboard)

打开一个八度音域的虚拟键盘控制器。

八、文件存档(File Archivist)

识别所有与声音文件、时间轴,或者包含Kyma文件的文件夹相关的文件,并将这些文件与附属声音文件、时间轴或文件夹一起保存到一个单独的管理员文件夹中。

九、输出电平控制(Output Level Control)

控制Kyma的全部音频输出电平。

十、时钟(Clock)

从声音模块或时间轴开始播放后开始显示时间。

第八节　帮助菜单(Help Menu)——包含的选项提供Kyma的附加在线帮助和信息

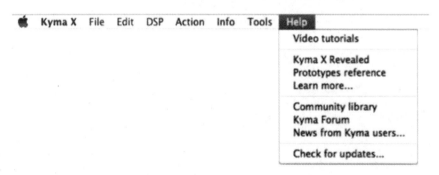

一、视频教程(Video tutorials)

与发布在网络上的Kyma视频教程链接。

二、Kyma X Revealed

调出*Kyma X Revealed*手册的PDF复制本。

三、模板参考(Prototype reference)

调出*Prototype Reference*的PDF复制本(实际上是声音物件类参考)。

四、了解更多(Learn more...)

打开一个URL链接,链接提供Kyma附加教程、技巧和文档,也包括Kyma的其他教学信息。

五、社区图书馆(Community Library)

打开一个URL链接,链接的内容是Kyma用户提供的声音模块、音频文件以及其他Kyma文件,可以供使用者下载。

六、Kyma论坛(Kyma Forum)

打开一个URL链接,通往Kyma论坛的大门。

七、Kyma用户的新闻(News from Kyma users...)

打开一个URL链接,获取使用Kyma艺术家的信息和事件。

八、检查更新(Check for updates...)

打开一个链接,获知Kyma最新版本的下载信息。

第十六章　方便的实用工具

为了给复杂的Kyma系统提供导航,开发人员提供了一些方便的实用工具,其中一部分介绍如下:

第一节　磁带录音机

磁带录音机工具提供了一种方式将来自前置放大麦克风的单声道或多声道信号,或者来自其他线路音频输入,直接录制到Kyma。如果要直接录制到Kyma,则从Tools菜单下选择Tape Recorder选项(图表340)。

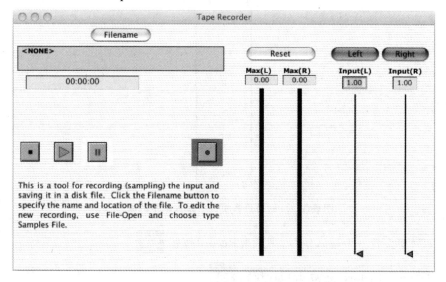

图表340　工具菜单下的磁带录音机界面

如果要开始处理,首先点击Filename按钮来创建一个新的音频文件,其窗口显示如下(图表341):

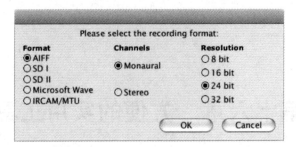

图表341　对话框指定音频文件的格式、声道数、比特－量化精度

　　音频文件格式类型、声道数量、比特－量化精度在这个窗口分配。一旦完成就点击 OK 按钮,输入文件名称,再点击 Save 按钮保存。

　　信号取决于其输入源(可以是1~8的任意一个声道),如果 Left 和 Right 按钮都被选中(蓝色),信号将出现在磁带录音机的界面。在默认情况下,左声道搜索 Input 1,右声道搜索 Input 2。

　　Input(L)和 Input(R)下的推子可以调节输入电平(图表342)。

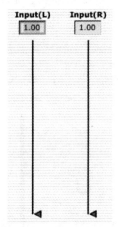

图表342　磁带录音机调节输入电平的推子

　　如果要接收一个输入信号,则点击 Record 按钮 ▣ 。

　　如果要开始录音,则点击 Play 按钮 ▷ 。

　　如果要停止录音,则点击 Stop 按钮 ▪ 。

　　如果要播放录音,则点击 Play 按钮。磁带录音机录制的文件可以在采样编辑器中打开和编辑,或者在要求音频文件的声音物件中使用。

第二节　虚拟键盘

很多年以前(在"未来音乐俄勒冈"电子音乐中心),我们把工作室中所有钢琴键盘界面改回到19世纪(我们工作室有一部时光机)。后来我们不得不回收这些设备以腾出工作室空间,但是发现偶尔还是需要模拟一台传统MIDI键盘传送出的数据。Kyma提供了这样一个虚拟键盘实用工具。虚拟键盘(Fake Keyboard)位于工具(Tools)菜单下(图表343)。

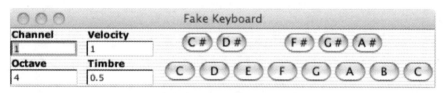

图表343　虚拟键盘工具

虚拟键盘是一个八度音程宽度的虚拟键盘控制器。通过点击虚拟键盘右侧的标记按钮,在任何一个八度之间的MIDI音符值(附带MIDI通道设定以及所有键盘力度信息)就可以传送到需要MIDI音符触发信息(!KeyDown)的Kyma声音模块或者时间轴。请注意数值键盘的数字或者音高(!KeyNumber或!Pitch)或键盘力度(!KeyVelocity)的取值。(这些事件值需要输入到声音模块中的参数区域,使其产生作用)而 Channel(通道)参数区域指定音符将在哪个MIDI通道(1~16)中传输,Octave(八度)参数区域指定最左边音符开始的八度范围C (0~9),Velocity(力度)参数区域指定了琴键力度(0~1)[1]。

第三节　文件存档功能

当基于计算机进行创作时,很容易丢失所有相关文件载入的路径。文件存档功能(File Archivist)可以解决这个问题。

从Tools菜单下选择File Archivist选项,出现如下窗口(图表344)。

---

[1]读者也可以使用Wacom数字画板的橡皮擦端,或者iPad应用程序、Kyma控制中的键盘来生成MIDI音符数。

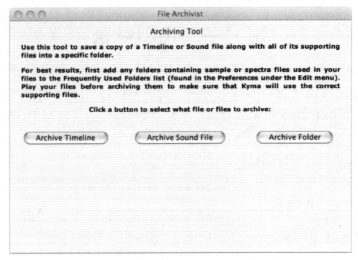

图表 344　文件存档工具

文件存档工具可以识别与声音模块文件、时间轴或 Kyma 文件下文件夹相关的所有文件，它将这些文件与声音模块文件、时间轴或文件夹集中写入到一个独立的存档位置。我们来看看这个过程：

点击 Archive Timeline，Archive Sound File，Archive Folder 其中一个按钮——弹出一个对话框要求输入信息，例如，我们选择了一个时间轴文件进行存档。那么选择要进行存档的时间轴文件，第二个对话框出现，要求输入存档的位置。选择一个位置或者创建一个新文件夹来保存档案文件，点击 Save 按钮。一个新的窗口出现，如图表 345 所示。

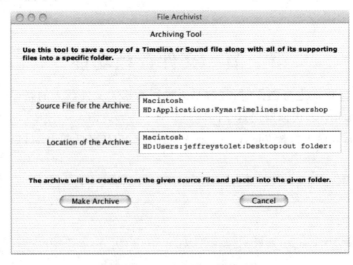

图表 345　文件存档工具对话框

点击 Make Archive 按钮。

现在时间轴和所有与之相关的文件都被保存到一个单独位置的文件夹中。同样的过程也适用于存档一个声音模块文件或文件夹。

第四节 时钟

时钟工具,正如字面意思,一个记录时间的工具(图表346)。这是为演奏者在实时演奏中设计的。时钟窗口可以被自由缩放,放置在屏幕的任何位置,通过设置可以选择显示从声音模块或时间轴运行开始计时,也可以显示时间轴标注的时间。

图表346 时钟工具

从时尚意识考虑,时钟的字体及其颜色、背景颜色都是可以选择的。

第五节 数字信号处理器(DSP)状态

DSP状态窗口显示了音频输入和输出的电平,DSP使用情况如图表347所示。此外,DSP状态窗口指定了音频输入和输出的接口,以及MIDI输入和输出源。这个便捷的小窗口也设定了输入与输出的线路连接(在Configure下设定),以及*Clock Source*(*时钟源*)参数(从音频接口的Internal,AES或S/PDIF中进行选择)。

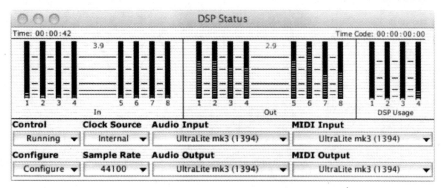

图表347 DSP状态窗口

窗口的左上角显示了最后一个声音模块的开始时间。我强烈推荐,在工作过程中这个窗口保持可见状态,有助于在声音设计和作曲整个过程中维持一个良好的增益结构。

第六节　文件状态窗口

文件状态窗口显示了Kyma在使用中对计算机操作系统内存量的占用信息(图表348)。如果要清空内存,则点击Recycle按钮。

文件状态窗口也会显示与当前声音模块播放相关的警告或错误信息。如果声音模块或者时间轴包含音频或MIDI输入,输入信号的个数也会在上面显示。

图表348　**文件状态窗口**

第十七章　其他主题与信息杂谈

在做最后总结之前,我还想分享一些信息,出于各种原因,它们并不适合出现在前面的章节中。这部分主题虽然命名为"其他"和"杂谈",但是其重要性并不亚于其他章节。相反,有些内容至关重要,直接涉及Kyma的本质。

第一节　数　组

计算机运算使用的最基本数据结构之一就是数组。数组是一系列带有索引标签的数字(或者内容)。列表中每一项内容都有一个关联的数字——我们称之为"索引"。通过其"索引",可以获取对应的内容。快餐店点餐方法常常使用数组的概念。例如,我们本地的快餐店提供:一号餐,鸡肉三明治;二号餐,汉堡包;三号餐,米饭和豆奶。(千万别点三号餐,这是迄今为止最难吃的套餐。)很幸运的是Kyma菜单里面没有豆奶,并且在大量内容中使用了数组的概念。表示Kyma数组的一种常见方法是,在括号内显示一组数字,如下所示:

$$\#(60\ 62\ 64\ 65\ 67\ 69\ 71\ 72)$$

在上述数组中,60的索引数字是0,62的索引数字为1,以此类推。在提供数组的内容之前,Kyma提供一种调用数组的方法。

在一个完整的CapyTalk表达式中,数组可能以下图表所示的方式出现:

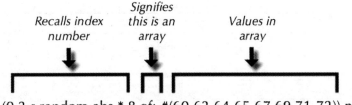

括号外面的nn用来表示这一组数据是MIDI音高。所以,基于该数组表达式

的输出是：每0.2秒在−1~1之间随机选择一个数字，对其取绝对值，并将结果乘以8。Kyma对所得结果做取整处理，得到整数0、1、2、3、4、5、6和7（理论上来说可以得到8，但是这种可能性微乎其微）。这些数字将作为索引调用出数组中的60、62、64、65、67、69、71和72，从而作为MIDI音高。

上述表达式的一种变形：

$((0.2 \text{ s random abs} * 8) \text{ of: } \#(!nn0 \ !nn1 \ !nn2 \ !nn3 \ !nn4 \ !nn5 \ !nn6 \ !nn7)) \text{ nn}$

数组中的每一个值由可变事件值控制。包含数组的这个CapyTalk表达式将产生如下的虚拟控制台，从而数组的内容就可以随时间推移而变化（图表349）。

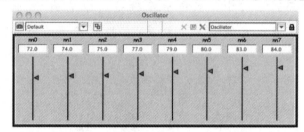

图表349　虚拟控制台显示的8个数组数值

虽然上述CapyTalk表达式是专门为频率参数区域所设计的，但是同样的结构，稍做变化就可运用于大多数的参数区域。有一点很重要的，MIDI格式原本不允许"键盘音符之间"的音高值，但是Kyma允许。因此数组中可以出现类似60.2、62.72、64.02、65.01、67.34、69.253、71.192和72.01的值，Kyma能准确地回放出MIDI的微分音音高！

数组也可以以完全不同的形式出现在完全不同的语境中。数组在队列合成波谱声音物件（SyntheticSpectrumFromArray）中的用法，如图表350所示。

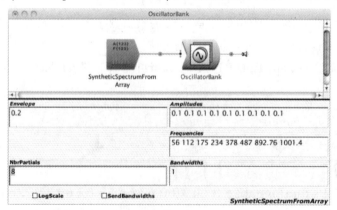

图表350　SyntheticSpectrumFromArray的数组

首先,请注意信号流图中SyntheticSpectrumFromArray作为振荡器组声音物件(OscillatorBank)的输入来控制OscillatorBank的*Amplitudes*(振幅)和*Frequencies*(频率)参数区域。*Amplitudes*和*Frequencies*包含两组列表,每组8个数值。这8个数值组成的数组指定了频率及其相应振幅。*Amplitudes*数值范围在0~1之间,*Frequencies*的数值可以用任何Kyma认可的方式进行表达[1]。

振幅和频率的数目与*NbrPartials*(分音数量)参数区域必须相符合。如果需要增加*NbrPartials*的取值,那么同时也要相应增加*Amplitudes*和*Frequencies*的数组个数。

*Amplitudes*和*Frequencies*参数区域的数值可以用事件值替代,如图表351所示。

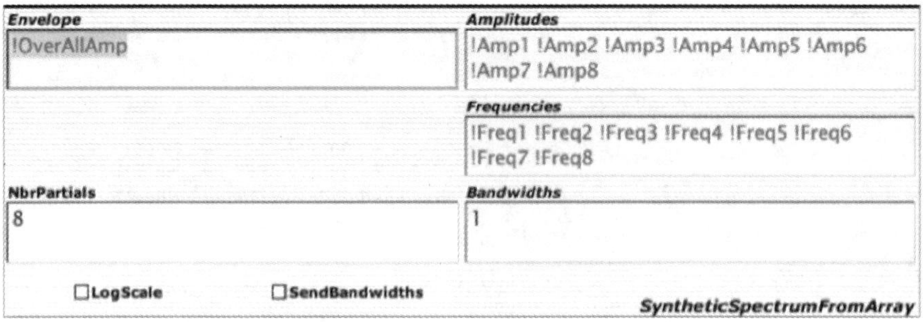

Envelope	Amplitudes
!OverAllAmp	!Amp1 !Amp2 !Amp3 !Amp4 !Amp5 !Amp6 !Amp7 !Amp8
	Frequencies
	!Freq1 !Freq2 !Freq3 !Freq4 !Freq5 !Freq6 !Freq7 !Freq8
NbrPartials	**Bandwidths**
8	1
☐LogScale ☐SendBandwidths	**SyntheticSpectrumFromArray**

图表351　用事件值表示的数组

图表351中,每个事件值与其他所有事件值是相对独立存在的。

然而,如果保持所有分音频率之间的和声关系很重要,那么图表352中所示的例子可以作为实现构成事件值的一种方式。

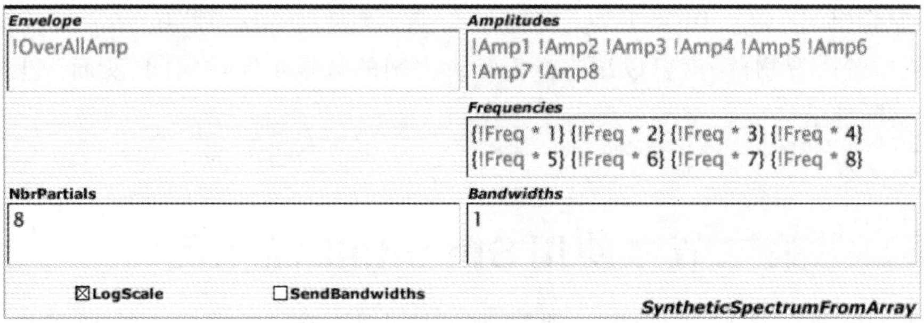

Envelope	Amplitudes
!OverAllAmp	!Amp1 !Amp2 !Amp3 !Amp4 !Amp5 !Amp6 !Amp7 !Amp8
	Frequencies
	{!Freq * 1} {!Freq * 2} {!Freq * 3} {!Freq * 4} {!Freq * 5} {!Freq * 6} {!Freq * 7} {!Freq * 8}
NbrPartials	**Bandwidths**
8	1
☒LogScale ☐SendBandwidths	**SyntheticSpectrumFromArray**

图表352　运用代数的方法表达的数组

---

[1]频率可以以Hz(261.626 Hz)、MIDI音符序号(60 nn)、音名(4 c)以及唱名(4 re)来表示。频率表示方式的完整列表请参见*Kyma X Revealed*手册的第369页。

如图表352所示,频率值是由一个事件值!Freq控制的,但是这个数值被乘以1、2、3、4等数,形成了谐波序列相关的分音频率数组。

请注意,该数组的语法与前面例子稍有不同。当数组中的每个分量用数学表达式表示时,每一个表达式都要使用大括号{}。

图表353所示的变形应用可能带来有趣的音乐效果。此例中,"smooth"(平滑)操作的运用,使一个频率值过渡到新的频率值经过了7秒钟,从而产生显著滑音效果的声音质感(建议:尝试在虚拟控制界面使用掷筛子按钮来随机地选择频率)。

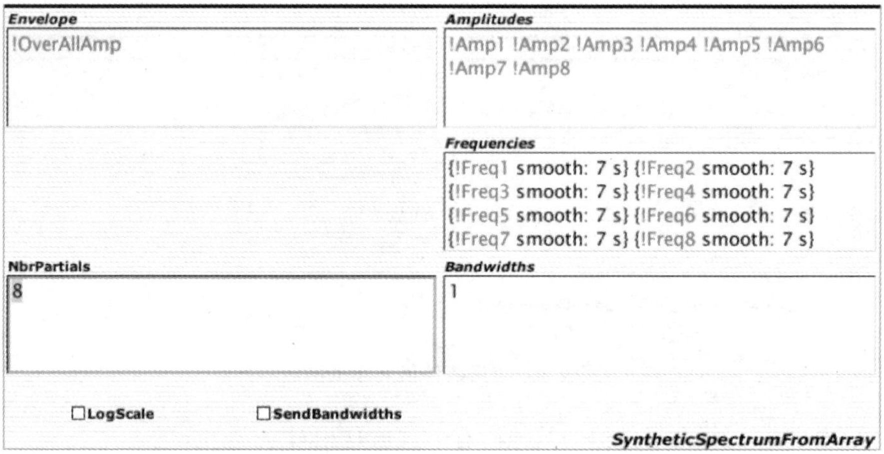

Envelope	Amplitudes
!OverAllAmp	!Amp1 !Amp2 !Amp3 !Amp4 !Amp5 !Amp6 !Amp7 !Amp8
	Frequencies
	{!Freq1 smooth: 7 s} {!Freq2 smooth: 7 s} {!Freq3 smooth: 7 s} {!Freq4 smooth: 7 s} {!Freq5 smooth: 7 s} {!Freq6 smooth: 7 s} {!Freq7 smooth: 7 s} {!Freq8 smooth: 7 s}
NbrPartials	Bandwidths
8	1
☐LogScale ☐SendBandwidths	SyntheticSpectrumFromArray

图表353　用平滑(smooth)处理命令处理频率分量

给这个声音模块加入一点混响,效果将更加显著。我想要提出的另外一点建议:创建并保存5个、10个甚至更多的预置,随后进行插值处理,InterprolatePresets(插值预置声音物件)就可以用来探索预置之间的音乐可能性空间,从而产生无限多种新的波谱。

第二节　使用Smalltalk简化程序

Smalltalk是Kyma的技术基础,能帮助简化上述数组结构设计。除了将每个事件值逐个输入参数区域,我们可以使用Smalltalk生成任意多个事件值复本来替代这一过程。换一种方法解释:可以应用通用编程语言Smalltalk来构建由事件值驱动的实时语言——CapyTalk表达式。

将Smalltalk的两个表达式{!Amp1 copies: 12}和{!Freq1 copies: 12}分别输入到
*Amplitudes*和*Frequencie*参数区域中，每一个语句都会对应地产生12个虚拟控制。图
表354中，我们看到的输入参数区域中的*Amplitudes*和*Frequencies*参数，虚拟控制界
面包含12个!Amp和!Freq推子，如图表355中所示。

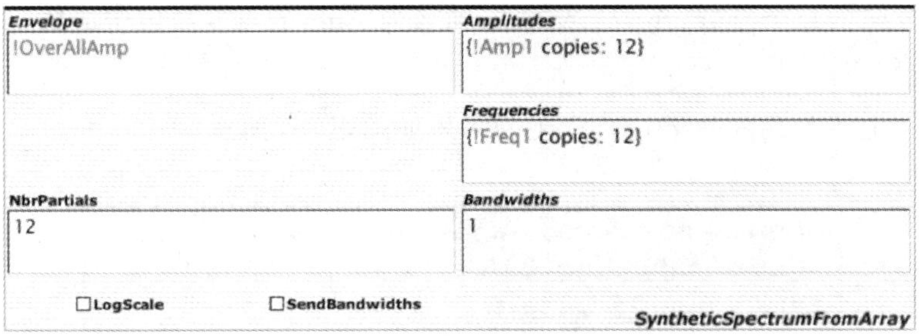

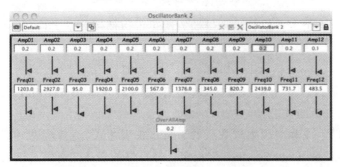

图表354　Smalltalk表达式生成的事件值数组

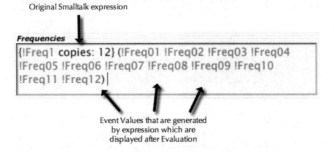

图表355　Smalltalk语句生成的虚拟控制界面

　　如果要查看Smalltalk根据语句生成的结果，选择输入的表达式，再从Edit菜单
下（快捷键⌘Y）选择Evaluate选项，Kyma将会显示其生成的结果（图表356）①。

Original Smalltalk expression

Frequencies

{!Freq1 copies: 12} (!Freq01 !Freq02 !Freq03 !Freq04
!Freq05 !Freq06 !Freq07 !Freq08 !Freq09 !Freq10
!Freq11 !Freq12)

Event Values that are generated
by expression which are
displayed after Evaluation

图表356　原始Smalltalk表达式和评估产生的事件值

---

①"评估"的意思是计算一个公式、表达式或者多项式等的数值。

一个稍微复杂却更灵活的 Smalltak 表达式,能得到相似的结果且扩展性更强。Smalltalk 表达式的基本形式为:

$$\{1 \text{ to: } 16 \text{ collect: } [:i \mid \text{!Amp suffix2: } i]\}$$

将这个表达式翻译成中文,意思是:

将 1~16 的每个整数,作为后缀添加到名为 !Amp 的可变数值组成数组,收集其结果组成数组。

所以,上述 Smalltalk 表达式产生的结果如图表 357 所示。

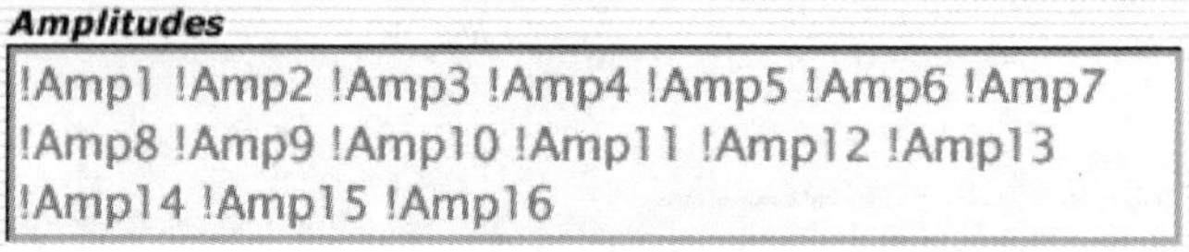

Amplitudes

!Amp1 !Amp2 !Amp3 !Amp4 !Amp5 !Amp6 !Amp7
!Amp8 !Amp9 !Amp10 !Amp11 !Amp12 !Amp13
!Amp14 !Amp15 !Amp16

图表 357　参数区域中的事件值

这种产生多个事件值数组分量的方法也可以使用数学运算,所以上述写法可以延展为:

$$\{(1 \text{ to: } 8) \text{ collect: } [:i \mid \text{!KeyPitch} + (i-1 * 0.01)]\}$$

将其粘贴到 *Frequencies* 参数区域(声音物件 SyntheticSpectrumFromArray)中,即产生颤音、失谐的效果。

为了帮助生成和应用生成数组的 Smalltalk 表达式,声音模块浏览器提供了表达式库,在子目录下的"array.txt"中很多已经写好的表达式可供直接从声音模块浏览器中拖到想要使用的参数区域中。

第三节　随机化——什么是随机?

通常情况下,当听到"随机"这个词,我们想到意思往往是"没有一个限定的设计、方法或目的的"或者"没有指定模式、目的或者对象的"[①]。然而,经常在计算机音乐和 Kyma 中使用的"随机"(random)的概念,并不是这种意义上的随机。如果我闭上眼睛伸手去我的衣橱中随意抓出一件衬衫来穿,在某种意义上来说是随机的,但又不是真正完全的随机,因为我把所有衬衫都放在衣橱中。换句话来说,此举结果的可能性是可以预测的,如果我认同自己的品位,那么不管抽到哪一件都不会太差。如果说我伸手去衣橱拿衬衫,得到的结果却是:玻利维亚下雨了,一个三年级的老师在挪威开始讲日语,我邻居的枪走火,击毙自己的长尾小鹦鹉。这个结

[①]摘自《自由字典》(The Free Dictionary),http://www.thefreedictionary.com/random (accessed June 21, 2011)。

果才谈得上随机。

那么当应用到Kyma这类的音乐语境中时,随机的概念是:在一定程度上(可能是很小程度上)产生在狭窄的、特定参数空间内的不确定性。例如,如果我在*Frequency*参数区域使用基于随机类的CapyTalk表达式,我不会让掌控随机性的"上帝"从所有可能的频率中随机选择数字,而是仅仅在很窄的特定频率范围内可变。下面举一个例子:

$$440\ Hz + (1\ s\ random * 5)\ Hz\ smooth:\ 1\ s$$

这条语句输出435~445 Hz之间渐变的数字结果。我不仅确定了影响参数(frequency),还确定了影响范围(435~445 Hz)、变化速率(每秒钟),以及如何变化(执行平滑操作实现渐变)。而且如前面所述,Kyma提供很多不同种类的"随机性"(randomness)。另外,如果两个CapyTalk表达式以数学表达式的方式结合在一起使用,那么其数字变化将激增。例如,如果我将CapyTalk表达式:

$$1\ s\ random\ smooth:\ 1\ s$$

(每秒选择一个新的随机数字,经过一秒的时间从当前数字平滑过渡到新的随机数字)

与下列表达式相加:

$$(0.1\ s\ random * 0.1)\ smoothed$$

(每0.1秒选择一个随机数字,将其缩小到所选数字的1/10,所得结果平滑过渡到下一个数字)

得到的复合CapyTalk表达式:

$$(1\ s\ random\ smooth:\ 1\ s) + ((0.1\ s\ random * 0.1)\ smoothed)$$

产生的结果每时每刻都无法预测,但其大体走势是可以预测的(图表358a–c)。

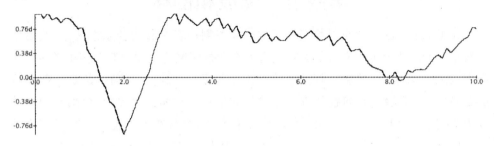

图表　358a

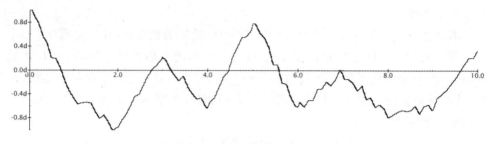

图表 358b

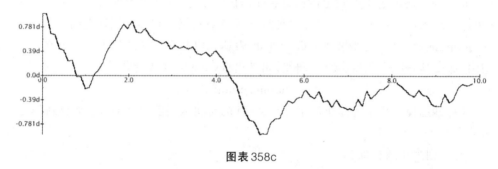

图表 358c

图表 358a、358b、358c 复合 CapyTalk 表达式得到的 3 个不同结果

该例的实质是这里没有真正的随机，而只是在某个时刻以特定和限制的方式，人为地制造随机性。在创作性作品中，允许或引入一定的不确定性，在我看来似乎映照出生活丰富多彩的方方面面。

第四节　缩放和偏移

在类似 Kyma 这种使用数据和数据流来控制声音参数的音乐系统中，获得原始数据流的取值范围很有可能并不适合所有参数区域的范围。有个例子最能说明问题：Kyma 系统中，控制振幅的数值范围一般是 0~1，而控制频率的数值范围是 0~20000。一个解决此问题的方法即缩放和偏移。在缩放过程中，数据范围可以变大或变小。试想表达式 !Fader * 0.5。如果 !Fader 自身产生的数值是 0~1，那么表达式 !Fader * 0.5 所产生的结果就是 0~0.5。因为（如前面章节中所解释的一样）最小值 0 乘以 0 依然是 0。最大值 1 乘以 0.5 得到 0.5。用图示来解释，!Fader 左半部分是原始数值范围，右边是乘以 0.5 以后得到的数值（图表 359）。

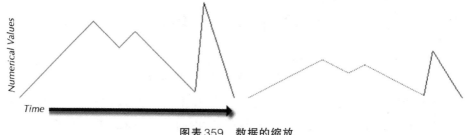

图表 359 数据的缩放

乘法是可以将数据缩放成理想数值范围的一种方法。我们现在以 Wacom 数字画板为例,画板 X 轴可以生成的数值范围为 0~1,可以被缩放为有效的控制振荡器频率的参数。

$$!PenX * 20000$$

有时从一个区间范围到另一个区间范围的数据流缩放并不足以满足特定参数区域的范围要求。例如,我需要将数字画板 X 轴的范围 0~1 变化为−1~1,仅仅使用乘法无法完成恰当的数据范围转换。那么,引入偏移的概念便可以解决此问题。缩放基于乘法,偏移通过加减法完成。图表 360 中所示,我们看到整个图表的数值被向上偏移了。减法可以将包络整体向下偏移。

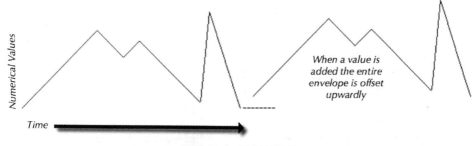

When a value is added the entire envelope is offset upwardly

图表 360 数据的偏移

Kyma 系统中一个最常用的语句之一便是将数值范围 0~1 变化为−1~1。−1~1 可以使用于所有的 *TimeIndex*(*时间索引*)参数区域。继续上面提到的数字画板 X 轴的例子!PenX 事件值(数值范围 0~1),我可以用下列缩放和偏移的方法将 0~1 的 PenX 转换为−1~1,从而控制 *TimeIndex* 参数区域。

$$(!PenX * 2) - 1$$

首先,通过乘法对范围进行缩放(0~1 变为 0~2),然后将 0~2 的范围偏移到 −1~1。其基本法则是先缩放后偏移。

第五节　云集

Kyma系统中的"云集"(Swarm)是一个有魅力的概念,嵌入的方式非常巧妙。"swarm"可以被认为是一种模拟蜜蜂群跟随蜂王运动路径的方法。只需要输入一个数值,"swarm"功能便产生一系列复杂的数据流。之前用到的"平滑运算"(smooth)只是在两个数值之间产生直接的线性插值,而"swarm"则在两个数值之间产生模拟物体飞行的不规则曲线插值。

Swarm功能在CapyTalk中基本的表达方式为:

(10 s random) swarmFollowFromPosition: 0 velocity:0.5 acceleration:0.4 friction:0.3

上述CapyTalk表达式中有4个不同的参数,以及每10秒产生的一个新数值。零(0)表示领头的初始位置。每当产生一个新的随机数字("10 s random"所示),"swarm"功能将群集移动到新的值(位置),这一过程受到*velocity*(*速度*),*acceleration*(*加速度*)和*friction*(*摩擦力*)三个参数的影响。我们不难想象,如果*velocity*,*acceleratio*太大,跟随者为了不掉队而努力跟上,而可能超过头领的位置;如果*velocity*,*accelera-tion*的值足够大,可能超过领头的次数就不止一次。此外,我们也不难想象,如果*friction*数值太小,超过头领便越容易;如果*friction*数值很大,超过头领便越困难。上述CapyTalk表达式的解释如图表361所示:

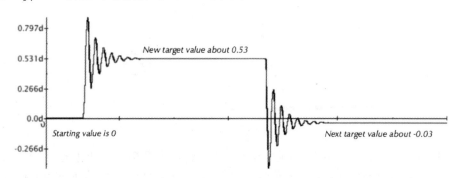

图表361　swarm功能的图表说明

如果起始数值为0,且当产生了新的目标数值(约0.53)后,数值的变化路径是震荡式的。当再次产生新的目标数值(约-0.03)后,我们又看到同样的变化模式。如果使用较大的*velocity*,*acceleration*数值,那么震荡时间将持续较长。如果*friction*的数值较大,那么相应的震荡次数将较少。比较典型的情况下,*velocity*,*acceleration*和*friction*会使用!Velocity,!Acceleration和!Friction这类事件值来表示。

Swarm 功能在 Kyma 系统很多情况下都能有效使用,其中包括 *Frequency*,*Amplitude*,*Pan*,*Angle* 和 *TimeIndex* 等参数区域。

第六节 从系统以外获得数据输入的方法

在 Kyma 系统以外获得数据的方法是多种多样的,得到的数据可以作为音乐参数资源来塑造和控制 Kyma 声音。Kyma 从 Avid 的 Pro Tools,Apple 的 Logic 和 Mark of the Unicorn's Performer 这类 MIDI 音序器接收数据,或者从编程语言,如 Cycling74 的 Max 接收数据。在这种情况下,可能还是要从其中一个软件环境,通过 MIDI 接口到音频卡的 MIDI IN 端口,或者到 Pacarana/Paca 连接的 MIDI 接口,来实现数据回放。Kyma 也能够读懂 OSC 信息,OSC 信息通过 Jazz Mutant Lemur,TouchOSC 或者 Max 这类软件或设备直接发送(不需要辅助应用程序)。

将数据传入 Kyma 的应用软件是 OSCulator[1]。OSCulator 是可以与很多不同硬件设备和软件程序一起使用的应用软件,它将设备产生的数据进行重新映射,以 MIDI 或者 OSC 信息的格式发送。大量同时存在的数据流可以被接收、重新映射和发送。对于 Kyma 来讲,Pacarana 和计算机之间的连接是通过一根普通的以太网线来实现的。OSCulator 支持的硬件设备有:安装了 TouchOSC 软件的 Apple iPhone,Nintendo Wiimote & Nunchuk,Guitar Hero Guitars & Drums,3Dconnexion Space Navigator 以及 Wacom Tablets 数字画板。来自这些设备的数据可以发送给 Kyma,或者发给任何能接收 MIDI 或者 OSC 信息的虚拟软件环境中。

另外两个辅助工具是 PacaConnect 和 KymaConnect,它们提供虚拟数据插线板,将数据通过内建的网络[2]从一个软件环境发送到另一个软件环境。对于 Kyma 来说,Pacarana 和计算机之间的连接通过一根普通的以太网线建立的。我个人觉得这非常方便,因为我去外地演奏时再也不用仅仅为了 Kyma 和 Max 之间传送数据而携带 MIDI 数字接口和 MIDI 连接线了。

Symbolic Sound 公司也推出了他们的 iPad 应用——Kyma Control。这是一款多点触摸板控制器,提供加速度和指南针方位控制,X/Y 坐标控制,钢琴风格键盘控制,自然音高关系图表控制,以及虚拟控制界面的所有推子控制。

---

[1]OSCulator 是卡米尔·托伊拉德(Camille Troillard)的研究成果,可以从以下链接获取:http://osculator.net

[2]PacaConnect 和 KymaConnect 是德洛拉软件(Delora Software)(http://www.delora.com)的研究成果,这个公司还提供其他一些在 iPad 和 iPhone 中应用的,与 Kyma 协同工作的软件工具。

第七节　实时演奏模型

　　Paca和Pacarana运算资源的提升,为实时演奏提供了更强大的乐器,这是其众多优势中最显著的一点。我没有通过演示,而仅用文字来描述实时演奏技术,虽然这显得有点尴尬,但是我将在本书中以关注运算能力的提高作为出发点,来介绍Kyma提供的计算机音乐实时演奏的三种方法。

一、检索音色空间——时间索引的实时演奏方法

　　试想如果一个Kyma声音物件可以方便地在时间上停留,以揭示美妙频谱的所有瞬间,那么声音物件就成为一个复杂的实时演奏的乐器。Kyma不仅有这样的声音物件,而且还不止一个。

　　Kyma引入了"时间索引"(TimeIndex)的概念。参数 *TimeIndex*(*时间索引*)指定了音频文件、频谱、psi或者GA文件的位置(或者时刻),用-1、0标记文件的起始时刻,0标记文件的中点时刻,1标记文件的结尾。这些坐标应用于所有音频或者频谱文件的TimeIndex,且忽略其载入文件的具体时长。因此无论载入文件是5秒还是20秒,0总是代表文件时间的中点。如图362所示:

-1.0　　　　-0.5　　　　0.0　　　　+0.5　　　　+1.0

图表362　带有坐标的TimeIndex

　　通过指定TimeIndex数值,我就能指定此刻的音色空间。通过移动一系列Ti-meIndex数值,我就可以设计音色空间的一个变化"旅程"。

　　有很多声音物件都用到TimeIndex的概念,包括:SampleCloud,SumOfSines,OscillatorBank和TauPlayer。在这些声音物件中,指定TimeIndex的位置是至关重要的,这决定了在每一时刻产生的音色,而TimeIndex的一系列值都塑造着呈现音色空间的音乐旅程。

　　通过TimeIndex在整个取值范围(−1~1)内展现最直接的音色发展过程,可以通过一句CapyTalk表达式来实现:

fullRamp: 10 s

　　要想得到更有趣的结果,这一表达式还远远不够。如果我在采样云声音物件(SampleCloud)的 *TimeIndex* 参数区域选用该表达式,但是使完成这一过程的时间从10秒延长到1200秒,那么我就通过拉长音频文件将此过程放缓,这就可以体验到

有趣的音色(图表363)。

Sample	GrainEnv	Amplitude	Frequency	GrainDur
Alien threat2.aif	gaussian	(1 ramp: 20 s) * 0.5	58 nn	0.2588 s

	MaxGrains	Pan	FreqJitter	GrainDurJitter
☐FromMemoryWriter	28	0.5	0	0.27

TimeIndex	Seed	PanJitter	Interpolation
1 fullRamp: 1200 s	0.2468	1	◉ Linear ◇ None

TimeIndexJitter	Density
0.01	0.5

SampleCloud

图表363　运用 TimeIndex 参数区域极端地拉长音频文件

极端地拉长音频文件时长的这个例子中,我使用了 Carla 版本(Scaletti, Carla)的 "I am the Cephlophage…" 作为音频文件。极端拉长的功能使这个声音模块在1200秒的展开过程中,表现出很多有趣的音色瞬间。但是,同样的 *TimeIndex* 参数也可以变为实时控制,演奏者可以寻找,并在感觉"好"的 *TimeIndex* 时间点停下来逗留一会儿。因此,使用以下的表达式来代替 CapyTalk 中的"1 fullRamp: 1200",便可以实时地在音频或者波谱文件中移动:

CapyTalk 表达式	来源
(!PenX * 2) – 1 smoothed	Wacom Tablet 数字画板或者 iPad Kyma 控制应用
(!Fader * 2) – 1 smoothed	VCS
(!cc01) * 2) – 1 smoothed	MIDI 来源或者其他软件来源

上述任何一个 CapyTalk 表达式都可以用来检索音频或者波谱文件,有时候得到不同的结果,因为 pen(数字画笔)、fader(推子)、mod wheel(调制轮)是不同的物理界面,其产生的数据流也具有各自的特点。

图表364显示了利用 TimeIndex 进行实时演奏的一个更加复杂的例子。首先,图表364所示为它的信号流图。

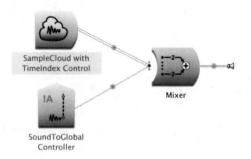

图表364　使用声音模块全局控制物件(SoundToGlobalController)控制 *TimeIndex* 数值的基本信号流图

图表365所示为采样云声音物件（SampleCloud）的参数区域。

Sample	GrainEnv	Amplitude	Frequency	GrainDur
HachiSpeaksTo Manda	gaussian	(1 ramp: 9 s) * 0.5	57 nn + (!PenY * 7) nn	0.2588 s

	MaxGrains	Pan	FreqJitter	GrainDurJitter
☐FromMemoryWriter	28	0.5	0	0.27

TimeIndex	Seed	PanJitter	Interpolation
((!NewIndexLocation of: #(-1 -0.9526 -0.8735 -0.8419 -0.7036 -0.6561 -0.5455 -0.502 -0.415 -0.3004 -0.1107 -0.003953 0.06719 0.1542 0.2016 0.4241 0.4909 0.583 0.8012 0.8387 0.9636)) smooth: 600 ms)	0.2468	1	⦿ Linear ◇ None

TimeIndexJitter	Density
0.01	0.5

SampleCloud

图表365　SampleCloud中*TimeIndex*参数区域中所含的数目较大的数组

除了*TimeIndex*参数区域中所有数值，此参数区域在本质上与图表363中是一样的（p.233）。我所做的操作是输入一个数组到*TimeIndex*参数区域中。这实际上是一个包含22个重要波谱时刻的重要数组，具体是：

（（（!NewIndexLocation of: #(−1 −0.9526 −0.8735 −0.8419 −0.7036 −0.6561 −0.5455 −0.502 − 0.415 − 0.3004 − 0.1107 − 0.003953 0.06719 0.1542 0.2016 0.4241 0.4909 0.583 0.8012 0.8387 0.9636)) smooth: 600 ms）

可变事件值推子!NewIndexLocation的数值指定了可选择的重要时刻。我如何找到这些重要的时刻？其实非常简单。我只需在*TimeIndex*参数区域中输入!TimeIndex，然后慢慢检索到喜欢的时刻停下来，记下此时的*TimeIndex*数值。然后将记录下来的数值写入数组中。

上述例子中的SoundToGlobalController参数区域中所填如图表366所示。

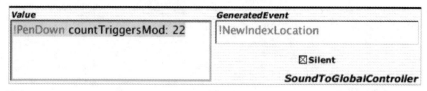

图表366　SoundToGlobalController为事件值!PenDown计数而选择数组中的分量

请看 *GeneratedEvent*（*生成事件*）数区域中的!NextIndexLocation，它将信息传送给SampleCloud的数组表达式。我通过计算用Pen（数字画笔笔尖）点击数字画板的次数，来产生!NextIndexLocation数值。所以，每次我用Pen（数字画笔笔尖）点击画板时，我前进到 *TimeIndex* 位置数组的下一个重要位置。请注意，一旦我前行到下一个重要 TimeIndex 时刻，我就可以用!PenY来控制SampleCloud的频率（图表367）。

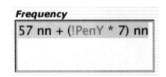

图表367　SampleCloud 的 *Frequency* 参数区域

在这类输入中使用录制的讲话材料会得到很好的效果，仅仅用几个简单的声音物件，就可以在实时演奏中营造出非常复杂和细致微妙的声音世界。在此部分的结尾，我还需要指出，多周期振荡器声音物件（MultiCycleOscillator）也拥有上述的部分能力，只是有更多的限制。在 MultiCycleOscillator 中，*Index* 参数区域控制着多周期波形中包含的不同波形间的交叉渐变。

二、运用内存写入器（MemoryWriter）进行实时演奏

试想如果 Kyma 所含的声音物件在其软件环境中，可以按照时间顺序保存所有的声音物件历史事件，那么向前、向后或者以任意顺序来重现这段声音历史过程就变得简单了，还有助于对这段声音历史以各种虚拟方式来进行变调、修改、分析、重塑。Kyma 支持声音物件以 MemoryWriter 的方式记录演奏过程。我在前面（参见127~128页）曾经描述过 MemoryWrite 的使用方法，这里不再重复，但是为了清楚起见，我要提到 MemoryWriter 在实时演奏的环境下，其运行的基本方式就是把声音写入内存，从而声音物件可以通过内存获取写入的信息。声音物件，如 Sample，SampleCloud 或者 Oscillator，都可以获取记录的数据来重新创造声音。

运用 MemoryWriter 的方法是多种多样的。一种简单的方法便是使用一个 MemoryWriter 以 10 秒为单位周期记录信号。图表368所示为实现这一用途的 MemoryWriter 的参数区域。

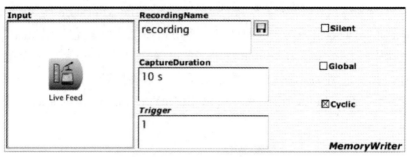

图表 368 MemoryWriter **的参数区域**

请注意,这里勾选了 *Cyclic*(*周期*)且没有勾选 *Silent*(*静音*)。我使用这种参数设置是因为 MemoryWriter 的录入信息是无穷尽的,而原始输入会在 Sample 或者 SampleCloud 处理之前就被听到。虽然信号流图的设置方法多种多样,图表369显示了我介绍的一种方法,使用 Sample 和 SampleCloud 来获取命名为"recording"文件中的信息。

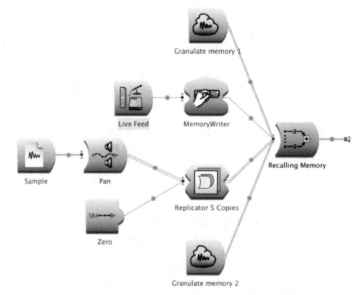

图表 369 **实时输入** MemoryWriter **和两个** SampleClouds **以及** 5 **个** Sample **声音物件**

当回放时,这个以 MemoryWriter 为中心的声音模块产生如下的虚拟控制界面(图表370)。

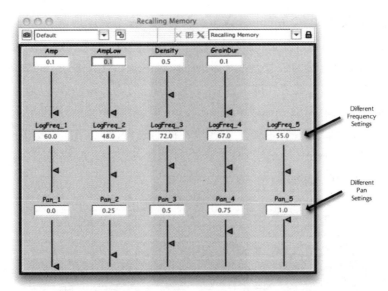

图表370　使用MemoryWriter建议演奏模型的虚拟控制面板

请注意,5个Samples(使用Replicator制作的)都有各自的!Pan和!LogFreq设置。这些设置将每个Sample放入各自的"frequency space"以及立体声环境中。虽然没有显示,但是每个SampleClouds也有各自的左右声相设置,并且在Seed(种子)参数区域中也有各自不同的数值设定。我在实时即兴演奏时——摩擦金属类物体,例如剪刀和硬币在金属谱架之间摩擦,常常使用这类信号流图。金属类声音向下移动多个八度后可以产生非常有感染力的音乐效果,而此类声音模块专门为实现这一效果而设计。

该声音模块的一个变形即在Trigger(触发)参数区域中放入一个触发机制(例如!Trigger,!KeyDown等等),不要勾选Cyclic(周期)。这将允许MemoryWriter在每个新的触发信息后获取新的音频文件内容。

多个MemoryWriters可以被放置在时间轴的不同位置,每个部分从特定的时间开始截取10秒钟音频(图表371)。

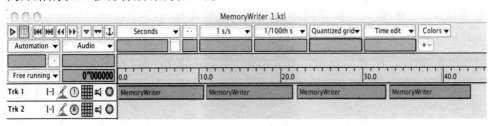

图表371　多个MemoryWriters放置在时间轴上

在这种情况下,每个MemoryWriter中的*Trigger*参数区域都放置了1,所以当时间轴运行到MemoryWriter的开始位置,MemoryWriter就开始记录信息。每个MemoryWriter所记录的信息是互不相同的(如recording2,recording3,等等)。因此,在作品的后面部分或者在即兴创作部分,这些"历史片段"就可以通过不同声音模块,例如Kyma模型"SampleWithRandomLoop",被逐一回放,或彻底地打乱顺序重新回放。或者,试想一首曲子基于四段不同的语句,四个不同的历史时刻,每个都有自己的MemoryWriter,因此这些历史时刻就可以在后面被调用,与记录下来的部分相互交织在一起回放。

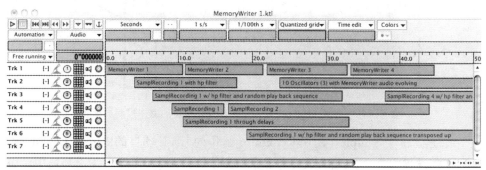

图表372　带有4个MemoryWriter的声音模块获取其写入数据的时间轴文件

三、用InterpolatePresets(插值预置)进行实时演奏

无论恰当与否、正确与否,我将下面的这类演奏方法叫作舒伯特式演奏方法,其音乐的基本前提是从一个美妙时刻过渡到另一个美妙时刻。我提议的方法是:首先制作一系列重要VCS预置(至少我认为出色的预置),然后在这些预置之间进行插值处理。从实践角度出发,我在使用这种方法的时候常常用到Wacom Tablet数字画板。其他数据来源或者演奏设备也可以替代本例中的Wacom Tablet数字画板。

此方法要求创造一个含有多个VCS预置的声音模块,所有的预置组合在一起要具有声音多样性,每个预置都有"美妙得令人震惊"的特点。同时,这里的预置应该有足够多的、清晰可分辨的多个音乐参数实时控制。在下面的例子中,我开始保留的预置超过50个,然后减少到42个,最后确定到22个。这最后的22个预置如图表373所示。请注意,所有预置都是以首字母顺序、数字在前的方法排列。

图表373　22个预置

因为这个概念是相邻VCS预置之间的插值预测,预置的排列顺序对于最终的音乐结果非常重要。很显然,这就意味着预置A和预置B之间的变化有可能同预置A与预置C之间的变化大相径庭。在此我没有更好的指导性意见,只能做出如下解释:每次将一个预置放置到另一个预置之后,那么也就是设计好了一段"旅程",将听众从一个音乐世界带到另一个音乐世界。很多时候,起始点和结束点都不是最重要的,因为美是在起止过程中演绎的。有时相邻预置之间插值的区别越大,产生的效果就越好;有时声音的差异可能集中体现在一个或几个参数,这正是设计美妙音乐"旅程"的关键所在。我常常喜欢问自己,一个特别的声音或声音意境是否是来自过程的开始、中间或是终点,基于对这个问题的思索,我开始对自己的预置进行某种有效的排序。

为了表现我的声音模块中某个音乐参数,我使用了!PenX来控制插值,!PenY来控制*Angle*(环绕立体声声相),!PenZ来控制*Amplitude*,!PenTiltRadius来控制*Frequency*,以及!PenButton2来控制声音模块的两个分支。这种设置提供了很直接的控制,但是有一个细节处理我想与大家分享。

对于插值预置声音物件(InterpolatePresets)中的*Interpolate*参数,我使用了以下表达式:

$$(\, (\, !NewIndexLocation \ of: \ \# \, (0.02439 \ 0.9251 \ 0.9251 \ 0.04995 \ 0.2237 \ 0.2497$$
$$0.2986 \ 0.3251 \ 0.3496 \ 0.3746 \ 0.3996 \ 0.4245 \ 0.4484 \ 0.4995 \ 0.5255 \ 0.2237 \ 0.3996$$
$$0.3496 \ 0.9251 \ 0.3251 \ 0.9251 \,) \,) \ smooth: \ 400 \ ms \,) + ((!PenX * 0.05) - 0.025 \,)$$

这又是一个巨大的数组,有21个分量。

我可以通过记录笔尖在Wacom tablet数字画板上的点击次数(!PenDown),从数组的一个分量变化推进到另一个分量(此处与257~260页的例子类似)。但是数组中的数值仅仅是起始点。在此基础上我又增加了!PenX的参数输入(其取值范围在Kyma中为0~1),并调整到非常小的范围(* 0.05),然后减去了0.025。这一操作让我可以使用Wacom tablet数字画板的整个表面来操作取值(-0.025到+0.025),在预置值之间挖掘潜在的细微差别(图表374)。

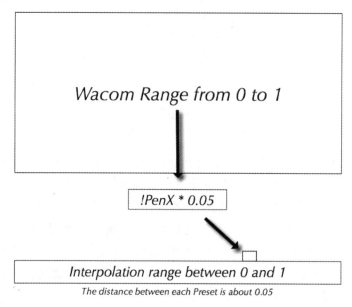

图表374　此例中所使用的映射策略图解

这个缩小的PenX数值范围在演奏时制造了更大的物理表现空间,让细节处理变得更加容易。

四、演奏时如何设置窗口

正如听起来那么简单,Kyma实时演奏作品时,窗口的摆放十分重要。也许一个特殊的作品并不需要演奏者或者演奏者们看到界面。另一方面,界面可能对演奏者准确预测下一个即将发生的音乐时刻非常有帮助。在考虑窗口的摆放方面,我们必须要决定哪些参数需要显示,运行时间是否需要显示,演奏者距离计算机的远近。我发现将需要显示的部分做得越简单越大,给我演奏带来更大的方便。图表375中所示的第一个例子,在VCS中显示了36个数值——这对我来说太多了。

图表 375　未经优化整理的显示

这个显示排列还有其他的问题。首先，VCS占据了时间轴的空间；其次，对于演奏者十分非常重要的计时器，应该用等宽字体以更大尺寸放在醒目的位置。我建议做如图表 376 所示的修改。

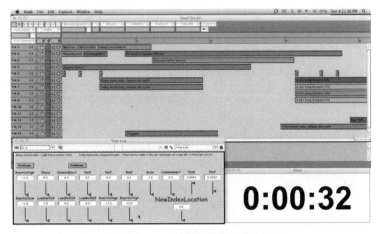

图表 376　经过整理的显示排列

已修改的例子中，VCS界面变得更小了，因为参数控制推子减少了，整个时间轴都清晰可见，计时器也更加醒目。

＊＊＊＊＊＊＊＊＊＊＊＊＊

最后，我们再来思考 Kyma 是什么？对我来说，Kyma 远远不只是面向对象的编程语言，它是为从多重视角创建、塑造和探索声音而特制的语言、大量数据以及算法。可视信号流图、参数区域、Smalltalk 脚本、CapyTalk 表达式和 Timeline 配合在一起，从多个角度和层面来生成、观测、操作，以及将数据按照自己喜好来描绘我的"音乐彩虹"。这些都得益于 Kyma 为作曲家提供了创造音乐的，更自由的空间和机会。我沉浸于此，在这里寻找属于自己的"声音之旅"。

此外，顺便告诉大家，尽管竭尽全力，我最终还是没有找到 SOS Disco Club。然而，这个结果也许从来都无关紧要，因为尽管我们总希望在生命的旅程中找到美丽的地平线，这却不影响我们在寻找过程中去经历更加震撼、迷人和美妙的时刻。

索　引

（不完全统计）

　(注:索引中有的术语作者是根据专业术语语境关联的正文页码,可能会出现在正文中相应的页码处找不到关键词,但其描述的都是与关键词相关的内容。)